AF453958

INSTRUCTION

POUR

LES AGRICULTEURS COMMENÇANTS.

*Cette instruction qui forme seule un ouvrage impor-
tant, est le troisième volume du* Traité d'Agriculture
pratique**, que l'auteur n'a pas encore terminé, et dont
nous pourrons plus tard offrir aux Agriculteurs français
la traduction entière, si celle-ci est favorablement ac-
cueillie. Nous sentons cependant que nous avons besoin
d'indulgence, et nous la réclamons de nos lecteurs.*

*Original dans ses idées et dans son style, Schwerz
présentait des difficultés de plus d'un genre pour être
traduit.*

*Voulant être utiles avant tout, nous avons fait plus
d'une fois le sacrifice de notre amour-propre d'écrivains
au désir d'être traducteurs fidèles, et il en est nécessairement résulté que notre style a conservé une nuance
germanique, dont nous espérons qu'on ne nous fera pas
un reproche, si nous avons le mérite d'être clairs, très-
intelligibles, et d'avoir, autant que possible, reproduit
le caractère de notre auteur en rendant exactement
ses idées.*

* Anleitung zum pracktischen Ackerbau.

METZ, DE L'IMPRIMERIE DE S. LAMORT.

INSTRUCTION

POUR LES

AGRICULTEURS COMMENÇANTS,

SUR LA NATURE, LA VALEUR ET LE CHOIX DE TOUS LES

SYSTÈMES DE CULTURE OU ASSOLEMENS CONNUS;

J. N. SCHWERZ,

DIRECTEUR DE L'INSTITUT EXPÉRIMENTAL, ÉCOLE D'ÉCONOMIE RURALE
ET FORESTIÈRE DU ROYAUME DE WURTEMBERG;

TRADUIT DE L'ALLEMAND

PAR

CHARLES ET FÉLIX VILLEROY.

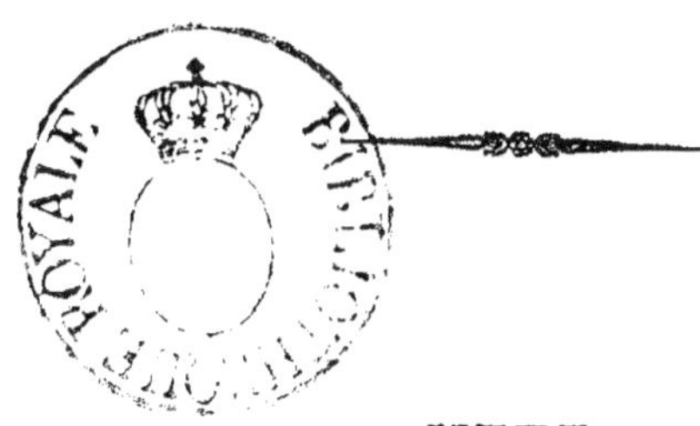

METZ,

Mᵉ THIEL, LIBRAIRE, RUE DU PALAIS, Nº 2.

PARIS,

Mᵉ HUZARD, LIBRAIRE, RUE DE L'ÉPERON, Nº 7.

1830.

En acceptant l'honorable titre de Membres correspondans de votre Société, nous avons contracté l'engagement de concourir avec vous à l'*utile*, noble but de vos travaux. Nous ne croyons pouvoir mieux remplir cette obligation qu'en vous offrant la traduction du dernier ouvrage de SCHWERZ, agriculteur et écrivain trop peu connu en France, et qui occupe aujourd'hui le premier rang en Allemagne. Veuillez accepter l'hommage de notre travail; nous nous estimerons heureux s'il mérite votre approbation, et s'il peut applanir quelques difficultés aux jeunes Agriculteurs français.

Les traducteurs,

CHARLES et FÉLIX VILLEROY.

INSTRUCTION

POUR LES

AGRICULTEURS COMMENÇANTS.

INTRODUCTION.

Sɪ les assolemens ne sont pas, comme beaucoup de personnes l'ont cru, la seule base d'une bonne agriculture, et si, favorisé par d'heureuses circonstances, on peut souvent se mettre au-dessus de leurs règles, cependant, en général, rien n'est moins indifférent que de savoir à quelles plantes on doit donner la préférence, quelle quantité de chaque espèce on doit cultiver, et dans quel ordre elles doivent se succéder. Il en résulte qu'il ne dépend pas uniquement du bon plaisir du cultivateur de se déclarer d'avance pour tel ou tel assolement, et de classer au hazard, dans l'ordre qu'il a choisi, les récoltes qu'il lui plait, quelque séduisant que soit pour lui cet arrangement, et quelqu'attrait que lui présente la richesse de certains produits. Qu'il se garde aussi de se laisser guider aveuglément par l'opinion d'un homme quelque célèbre qu'il soit, ou par les usages d'un pays justement renommé pour la perfection de son agriculture. On peut bien en théorie établir des règles générales, mais dans la pratique elles sont loin d'être applicables par-tout.

Les commençans ne sauraient trop se pénétrer de ces réflexions : la plupart veulent trop faire ; dans leur ardeur ils se précipitent vers le but le plus élevé, ou quelquefois seulement le plus nouveau , et souvent ainsi ils ne voyent pas celui qui est vraiment bon, et qu'ils auraient pu atteindre avec d'autant moins de peine que cela était près d'eux. Le chemin une fois frayé, pourvu qu'il conduise au but, est toujours le plus sûr. Il est ridicule de chercher au loin ce qu'avec un peu d'attention et sans grand embarras on peut trouver à sa portée; mais que ne fait-on pas pour obtenir la réputation d'avoir rompu les entraves de la vieille routine et d'avoir tracé de nouvelles règles?

De cette faiblesse provient le plus grand nombre des erreurs que commettent les hommes précisément les plus zélés, mais certainement pas les plus prudens; de là la ruine de tant d'entreprises de gens animés des meilleures intentions, de là les chûtes qui succèdent si souvent aux plus brillans commencemens. Et ces désastres, comme des épouvantails placés au bord du chemin, effrayent et détournent de tout changement les amis du bien, arrêtent les progrès de l'art et donnent matière aux risées des ennemis de toute amélioration. Par là il arrive que ceux qui étaient les plus chauds partisans d'un système qu'ils croyaient nouveau, parce qu'il était inconnu dans leur contrée, découragés par le résultat, se jettent dans l'extrême opposé, deviennent les ennemis déclarés de toute innovation, et l'emportent en cela sur ceux que leur état et leur naissance ont voués à la routine. Ne devons-nous pas les excuser? car quel est celui qui consentira à avouer le défaut de justes combinaisons ou son impéritie, et qui n'accusera pas plutôt du non succès le système qu'il n'a pas compris, ou dont il a fait une fausse application?

Une chose est rarement assez mauvaise , pour qu'un homme actif et intelligent ne puisse en tirer parti , et rarement assez bonne pour qu'un maladroit ne puisse la gâter. Ainsi la chose elle-même a moins d'importance que l'homme qui la met en œuvre. Un jugement sain , un esprit exempt de prévention , qui sait à propos céder aux événemens , et qui a égard aux moindres circonstances , sont des qualités indispensables au cultivateur pour réussir.

Je suis pourtant loin de vouloir par là prétendre qu'un système de culture ne soit pas en soi meilleur qu'un autre , ou que dans le choix , on ne doive donner la préférence à celui qui approche le plus de la perfection ; mais , comme je l'ai déjà dit , il faut dans le choix et dans l'application de ce système , savoir faire de sages concessions , et adopter seulement ce que , dans notre position particulière , nous pouvons mettre en pratique sans efforts extraordinaires.

Je crois devoir appeler l'attention du cultivateur qui commence, sur deux fautes qui sont les deux extrèmes dans lesquels il est exposé à tomber. L'une serait de ne vouloir adopter aucun système régulier de culture , l'autre de s'attacher servilement à un système une fois adopté. Ceci demande des explications.

L'esprit de liberté qui , de nos jours , est devenu généralement de mode , pourrait empêcher bien des jeunes gens de s'imposer la contrainte d'une marche régulière , et les engager à préférer à toutes une culture réglée sur le seul bon plaisir du cultivateur , lequel tourne à tout vent et se prête à toutes les chances passagères qu'amène le hasard. Mais rien n'est aussi dangereux , et je crois d'autant plus devoir signaler cet écueil, que moi-même, sans le vouloir, j'ai pu, par mes écrits antérieurs sur l'agriculture belge, donner quelquefois lieu à une opinion erronée. Je renvoie à cet égard le lecteur à l'article culture libre, dans la quatrième partie de ce traité.

L'autre faute dans laquelle on pourrait tomber serait de ne jamais vouloir aucunement s'écarter d'un assolement adopté, quelqu'avantage que l'on pût trouver à dévier momentanément des principes, ou quelque pressante que fût la nécessité d'un changement partiel ou total. Ceci s'appellerait avec raison être l'esclave de sa propre routine. Celui qui ne sait pas céder aux circonstances ne pratique pas l'agriculture raisonnée, et ne tirera jamais de son exploitation le profit qu'il en tirerait avec plus de sagesse ou moins d'opiniâtreté. Un homme sensé ne se laisse pas conduire aveuglément par le système qu'il a adopté, c'est lui au contraire qui sait le gouverner. Si pour l'ensemble de l'exploitation, une marche égale de toutes les parties est en général nécessaire, le chef qui la dirige peut cependant souvent s'écarter momentanément de la règle. Ces écarts qu'il se permet et les moyens judicieux qu'il emploie pour revenir a l'ancienne route, font plus que tout autre chose reconnaître l'agriculteur qui pense. On ne doit pas entendre que ces déviations s'appliquent à la culture de champs qui diffèrent par la nature du sol ou par l'exposition, car une culture différente doit nécessairement y être permanente, mais on doit entendre qu'elles sont amenées par des circonstances passagères dont une terre peut être affectée accidentellement, comme température contraire, excès de mauvaises herbes, épuisement, etc.

Ici il y a encore un autre extrême à éviter, c'est de se permettre pour la cause la plus légère, de s'écarter de la route tracée. Cela peut convenir à une très-petite exploitation, mais moins à une grande, et encore moins à une très-grande.

Dans l'application, comme dans le choix d'un système, il faut toujours avoir devant les yeux l'avenir, par conséquent la durée, et ne jamais perdre ce but entièrement de vue, lors même qu'accidentellement on pourrait s'en écarter, ou qu'on serait contraint de le faire. Le moment présent qui fuit avec rapidité nous trompe souvent, et il faut nous tenir en garde contre lui. Les spéculations du marchand sont bien différentes de celles de l'agriculteur : chez le premier la marchandise passe d'une main dans une autre ; chaque échange termine une spéculation, et une nouvelle commence. L'affaire du cultivateur au contraire, ne se compose pas de fractions isolées, mais d'anneaux unis les uns aux autres, dont l'ensemble forme une chaîne qui doit élever l'eau sans interruption. Qu'un seul anneau vienne à manquer et le seau ne monte plus.

Nous avons encore à prémunir contre une sorte de fausse honte. Quelqu'un qui commence à cultiver dans une contrée, dans un endroit, ou sur un sol qui lui est inconnu, ne sera probablement pas, dès son début, assez heureux dans le choix d'un système de culture, pour que dans la suite, instruit par l'expérience, il n'ait pas à souhaiter d'avoir fait bien des choses différemment. Restera-t-il dans la fausse route où il s'est engagé, ou ne cherchera-t-il pas plutôt à la quitter pour en prendre une meilleure ? Je n'ai pas be-

soin de dire combien le premier parti serait incon-
séquent. Cependant la crainte de prêter à rire à ceux
qui sont étrangers à l'art agricole, ou de perdre une
apparence d'infaillibilité, pourrait empêcher certains
hommes de reconnaître hautement, par un changement de système, une erreur pour laquelle ils ne méritent même pas de reproches, et leur faire ainsi sacrifier des avantages réels à une vaine renommée.
Mais si l'on prête à rire pour une erreur commise,
on y prête encore bien plus en y persistant opiniâtrement. Laissons les autres penser et dire ce qu'il leur
plaît et faisons ce que nous devons.

En définitive, je ne conseille pas dans le début d'une
exploitation, comme propriétaire ou comme fermier,
d'adopter un nouveau système de culture. Au contraire, je conseille de suivre au moins pendant une
année les traces de son prédécesseur, à moins qu'il
n'ait suivi une marche contraire au bon sens. Dût-on
même passer plus d'une année à observer, on voit
alors autour de soi, en avant, en arrière, et lorsqu'ensuite on introduit une nouvelle méthode, alors
elle est aussi la meilleure. C'est ici, soit dit en passant,
qu'une jachère complète, bien travaillée, rendra de
grands services, et viendra avantageusement à l'aide
de la nouvelle méthode. Dans de pareilles entreprises,
les commencemens sont toujours accompagnés de quelques pertes, mais on gagne beaucoup quand on se met
pour l'avenir à l'abri des écoles, et l'on avance rapidement, quand on ne peut faire un seul pas en arrière.

On a jusqu'à présent beaucoup écrit sur le passage
d'un mode de culture à un autre, pour y perdre le
moins possible, et ne pas rompre l'équilibre de la

machine, ce qui est d'une grande importance pour la suite. La chose demande certainement bien des précautions, mais elle n'est pas si difficile qu'on pourrait le croire, du moins pour celui qui ne veut pas la brusquer, mais qui, comme nous l'avons dit, prend le temps nécessaire, s'aide de la jachère complète, sème des vesces pour fourrages, étudie attentivement le climat, le site et la nature de son sol, a égard aux récoltes que les champs ont portées, particulièrement à celles qui ne peuvent se succéder à elles-mêmes, comme le trèfle, les pois, le lin, calcule ses propres forces et celles de sa terre, et les compare aux besoins de l'exploitation qu'il va commencer, pourvoit au fourrage et au bétail nécessaires pour la production du fumier dont il aura besoin, laisse de côté tous les produits destinés uniquement à la vente, cultive des racines en abondance, etc.

Si enfin il est de la plus grande importance de choisir un bon système de culture, et si, comme dit Koppe, mieux vaut n'en avoir pas du tout que d'en avoir un vicieux, par la raison que si l'on n'a aucun système arrêté, on a du moins la liberté de faire ce qu'exigent les circonstances, tandis qu'avec un mauvais système on est souvent dans la nécessité de persister dans des erreurs que l'on connaît, cependant il faut que les commençans sachent que le choix et la pratique d'un bon assolement ne suffisent pas, si tous les autres rouages de la machine ne sont bien organisés.

Pour rendre aussi claires que possible mes leçons sur les assolemens, et ne donner lieu ni à double entente, ni à discussion, je crois devoir diviser ce que j'ai à dire en deux parties, qui sont bien dis-

14

tinctes l'une de l'autre , quoiqu'elles se réunissent souvent. Peut-être les discussions auxquelles a donné lieu ,
de notre temps , le nouveau système d'assolemens ,
en opposition à l'ancienne culture des céréales , et
notamment à la culture triennale , provient de ce
qu'on n'a pas séparé ce qui tient plus à la nature
des choses qu'au hasard des circonstances. Si l'on voit
dans l'un et dans l'autre parti combattre tant d'hommes
distingués , c'est sans doute parce qu'ils ne se sont
pas au préalable entendus sur l'objet de la discussion ,
et qu'ainsi chaque parti peut avoir raison dans sa manière de voir. Cependant le temps de l'exaltation est
à peu près passé , et le moment est peut-être venu où
une voix pacifique et impartiale pourra se faire entendre. Je vais le tenter en priant qu'on ne regarde
pas mes paroles comme les décisions d'un juge , mais
comme la fidèle expression de ma pensée que j'é-
mets pour l'instruction de mes élèves , et que je livre
aux réflexions de mes lecteurs.

Les objets auxquels le cultivateur doit avoir égard
dans ses opérations sont innombrables. Placé entre
la nature et le hasard des circonstances , il faut qu'il
prenne conseil de l'un et de l'autre , et il ne peut
les négliger sans nuire à ses intérêts. Ceci doit s'entendre de toutes les opérations agricoles , mais s'applique particulièrement au *système de culture*, (*Feldsystem*), on doit le considérer comme une chaîne
sans fin , à laquelle se rattachent toutes les parties de
la machine.

Je dis le *système de culture* , par là j'entends et
la manière dont nous divisons nos champs, (*Feld-
eintheilungen*), et l'ordre dans lequel , sur un même

champ, nous faisons succéder les récoltes les unes aux autres (*Fruchtfolge*). Le premier point a pour règle les besoins de l'exploitation, et le second la nature des plantes à cultiver. L'union des deux forme le système de culture et en détermine la valeur.

On sait que l'on peut avoir fait un bon choix de récoltes, bien appropriées au sol et au climat, et avoir si convenablement déterminé l'ordre dans lequel elles se succèdent qu'elles doivent constamment donner le plus haut produit, et cependant on peut trouver à côté de ce bel ordre une division de terres tout-à-fait inconvenante, et qui rompt l'ensemble de toute la machine.

De même avec une division de terres parfaitement appropriée aux besoins de l'exploitation, les assole-mens peuvent être tels, qu'ils diminuent les produits des récoltes en appauvrissant le sol. C'est ainsi que ces deux parties s'éloignent l'une l'autre du but, tandis que pour l'atteindre elles devraient se soutenir réciproquement. Nous allons chercher en peu de mots à les faire concorder, et établir ainsi les bases et le plan de ce traité.

La science des *successions de récoltes*, (*Frucht-folge*), nous fait connaître les récoltes que nous pouvons cultiver sous le rapport de leur convenance avec le sol et le climat, et l'ordre dans lequel elles peuvent se succéder les unes aux autres. Cette science est donc, en grande partie, si non entièrement fondée sur la nature des choses.

La science de la *division des terres*, (*Feldeinthei-lung*) nous indique en quelle quantité nous devons cultiver les récoltes déterminées, pour obtenir cons-tamment du sol le plus haut produit, sans l'appauvrir.

16

Elle nous apprend par conséquent à maintenir un juste équilibre entre la dépense et la production de forces, à régler la marche de la machine et à la maintenir en ordre. Cette science est en grande partie fondée sur des circonstances accidentelles, telles que l'influence de la localité et du moment, les personnes agissantes, les moyens disponibles, les besoins de l'exploitation, etc...

Nous traiterons donc :

Dans la première partie, *du choix des récoltes ;*

Dans la seconde, *de la succession des récoltes ;*

Dans la troisième, *de la division des terres ;*

Dans la quatrième, nous exposerons *une série d'exemples de divers systèmes de culture*, et, autant qu'il nous sera possible, nous en apprécierons le mérite.

———

AVIS DES TRADUCTEURS.

Nous conservons l'expression allemande dans bien des circonstances où le mot français manque pour la rendre exactement. La langue allemande est beaucoup plus riche en termes agricoles que la langue française, elle a en outre le très-grand avantage de pouvoir, par la réunion de deux ou trois mots, composer des mots nouveaux. C'est ainsi que nous ne pouvons traduire les mots suivans qui viennent de se présenter dans quelques pages : *Fruchtfolge, Fruchtwechsel, Feldeintheilung, Feldsystem, Ackerbausystem, Ackerumsatz.* Nous avons du moins la certitude d'avoir rendu fidèlement les pensées de l'auteur, et nous croyons qu'on les suivra sans peine.

SYSTEMES DE CULTURE.

PREMIÈRE PARTIE.

CHOIX DES PLANTES A CULTIVER.

« Tout sol ne convient pas à toutes les plantes, toutes
» ne peuvent végéter dans tous les climats. »

On accorde aux Chinois assez d'habileté pour ne
cultiver dans un sol donné que les plantes qui peuvent
particulièrement y réussir. Cependant ce peut bien être
aussi le manque d'engrais qui guide ce peuple industrieux dans le choix des plantes à cultiver. Avec surabondance d'engrais, on peut opérer des prodiges, et
faire sortir d'un sable aride de riches récoltes de froment, de même que dans le monde, avec beaucoup
d'argent, et sans autre mérite réel, on peut faire
beaucoup de choses. Mais une masse inépuisable de
fumier n'est pas ordinairement plus à notre disposition
qu'une riche mine d'or. La science de l'économie
rurale n'est pas plus dans la prodigalité que dans l'avarice ; elle consiste à faire beaucoup avec peu. Combien
de gens sont fiers d'obtenir des asperges ou des choux-
fleurs, là où ne devraient croître que des choux com-
muns ou des topinambours ! D'autres transportent sur
un seul champ toute leur provision de fumier, et se
vantent de la riche récolte de colza qu'ils y obtiennent.
De tels économes ressemblent à ces riches qui, en
dépit du climat et des saisons, élèvent dans leurs serres

les productions du midi, et parviennent à couvrir en hiver leurs tables des fruits de l'été. Mais toutes ces belles choses qui ne sont que brillantes n'appartiennent pas à la véritable économie. Celle-ci dans le choix des plantes doit être guidée par des considérations dont les unes sont forcées, les autres accidentelles. Aux premières appartiennent le sol, le climat et les autres circonstances physiques; aux secondes, l'engrais, le travail, l'éloignement des champs, le débit des produits et les besoins de l'exploitation.

§ 1er *Considérations relatives au sol.*

Un sol ferme et la tourbe légère, le sable et l'argile, une terre humide ou sèche, calcaire ou rocailleuse contenant ou ne contenant pas de marne, riche ou pauvre d'humus, conviennent à des plantes tout-à-fait différentes. Chaque plante a en quelque sorte un sol qui lui est propre, et dans lequel on peut sans beaucoup de peine l'amener au plus haut point de perfection. De même elle a un autre sol qui ne lui convient pas, et dans lequel elle ne peut réussir que par une température particulièrement favorable, ou au moyen d'une fumure extraordinaire. De là il suit qu'elle exige d'autant moins ou d'autant plus d'engrais, que le sol lui convient plus ou moins, et en outre que son produit net est d'autant moins considérable qu'elle se trouve placée, en dépit de sa nature, là où elle se plaît peu ou pas du tout.

Cette règle est très-importante.

Comme il y a une variété infinie de terres par le mélange de leurs parties constituantes, de même il y a une foule de nuances dans le classement des plantes qui leur conviennent. Si pour les espèces de sols opposés, comme le sable, la glaise, la tourbe, le calcaire, on peut déterminer avec précision quelles plantes y réussissent plus ou moins, y prospèrent exclusivement ou n'y peuvent végéter, il s'en faut que l'on puisse poser des règles certaines pour les mélanges infinis des divers sols entr'eux. Il est même douteux que l'on puisse jamais y parvenir par des recherches prolongées, en partie par la difficulté de caractériser les divers sols d'après le mélange de leurs parties constituantes, et en partie parce que les effets de ce mélange peuvent être entièrement détruits ou diversement modifiés par l'influence d'une foule de circonstances, telles que l'inclinaison du terrain; le site, la profondeur de la couche végétale, le sous-sol, le climat, etc.

Il faut donc que l'expérience pratique et l'observation remplissent ici le vide que laisse la science, et la rectitude du jugement est en cela d'une grande importance pour le cultivateur. Car si la nature est variée dans ses mélanges, ses effets et ses productions, l'homme aussi qui travaille avec elle, doit varier ses procédés, le choix des moyens qu'il emploie, se régler autant que possible sur elle, et ne pas prétendre qu'elle se règle sur lui. Il ne doit donc pas entreprendre de cultiver de l'orge, là où ne doit croître que de l'avoine, du seigle dans le sol propre au froment, etc. A force de travail et de frais, on peut faire bien des choses en dépit de la nature, mais rarement avec avantage. Suivre autant que possible la marche de la nature et des circonstances, et ne vouloir la maîtriser que le moins possible, c'est ce que j'appelle voguer avec le vent, et suivre, pour arriver, le plus sûr, le plus facile et le plus court chemin.

Instruit par une longue expérience, le commun des cultivateurs sait assez bien choisir les récoltes qui conviennent le mieux à la nature du sol. Cependant on ne fait pas toujours ce qu'il y a de mieux à faire, soit par ignorance de la culture d'une plante encore peu connue, soit d'après ce faux principe que l'agriculteur doit récolter lui-même tout ce dont il a besoin, pour ne pas avoir à débourser d'argent comptant; soit par l'espoir d'un petit gain passager; soit par aveugle imitation, négligence, etc.

La mode, la prédilection pour le système que l'on a choisi, l'ambition de ne pas rester en arrière des autres, et d'autres faiblesses semblables, entravent souvent la marche de cultivateurs plus éclairés.

Si nous ne prenons pas les choses à la rigueur, relativement aux exigences des plantes, nous pourrons établir les rapports qui existent entre certaines plantes, et certains sols principaux, et avec une judicieuse observation de circonstances accessoires, le cultivateur sera guidé dans le choix des récoltes les plus convenables à chaque terrain. Nous nous bornerons ici à quelques données pour le sable, la glaise, l'argile, le sol d'alluvion, la tourbe, le sol calcaire et la vase desséchée. Pour les trois premiers, je ferai observer au préalable que le choix des récoltes est d'autant plus étendu qu'ils sont en meilleur état.

A. *Plantes pour le Sable.*

Dans un sable aride il ne peut guères réussir que des plantes qui tirent de l'atmosphère, par la porosité de leurs feuilles ou de leurs tiges , la nourriture qu'elles ne peuvent se procurer par leurs racines. A cette classe appartiennent nommément la *spergule* , le *topinambour*, le *sarrazin* et avec l'engrais suffisant les *pommes de terre*. Le *seigle* est la seule céréale qui puisse végéter dans ce sol. Sa réussite ne peut cependant pas être attribuée à la faculté d'absorption de ses feuilles en petit nombre et maigres ; mais comme dans les pays de sable , on ne le sème qu'à la fin de l'automne , ou même en hiver , qu'en cette saison le sol est toujours humide , qu'au printemps il s'élève rapidement et fournit bientôt de l'ombre. Ces circonstances sont probablement la principale cause pour laquelle il prospère dans un sol où tout autre graine réussirait pas.

Le gravier, si on peut l'arroser, ne saurait être mieux employé qu'en prairie.

Dans le sable qui par le mélange d'une autre terre n'est pas aride , on peut, outre les plantes déjà dénommées , cultiver les *navets* , les *haricots* et l'*orge*. Les *gramens* n'y prospèrent que dans les endroits bas et humides.

Un sable encore plus mélangé et meilleur que le précédent , peut produire l'*avoine* et la *petite orge*. La première a besoin d'un peu d'humidité , l'orge demande dans la terre de la *vieille force**, que l'on ne trouve pas facilement dans un sol de sable , surtout

---

* *Vieille force* (*alte kraft*) , expression qui rend si bien l'idée , que nous avons cru devoir la traduire littéralement. Pour la complète réussite de certaines plantes, au nombre desquelles est l'orge, des labours et du fumier ne suffisent pas , il faut encore dans le sol de la *vieille force*, c'est-à-dire une puissance productive, résultat d'une bonne culture antérieure de plusieurs années. *Note des Traducteurs.*

quand il est mauvais. A ces plantes il faut ajouter encore les *gramens*, les *trèfles*, le *lin*, les *pois*, les *carottes*, le *tabac*, la *navette* et souvent la *luzerne*. Si en Norfolk on obtient du froment d'un tel sol, il faut moins l'attribuer au sol lui-même qu'au système de culture. Le trèfle paturé souvent la première et toujours la seconde année, l'excellente culture et le climat humide des côtes de l'Angleterre permettent cette récolte.

Si enfin le sable est porté par la culture au plus haut point de fertilité, il produit encore du *chanvre*, du *houblon*, de la *garance*, du *tabac*, du *froment d'été*, du *maïs*, du *froment d'hiver* et des *féveroles*.

B. *Plantes pour la glaise.*

La glaise, l'opposé du sable, ne convient comme celui-ci qu'à un petit nombre de plantes. Elles se bornent pour ainsi dire à de pauvres récoltes de froment et d'herbe. Celle-ci paturée est toujours le moyen le plus convenable de tirer parti d'un sol où les récoltes qu'on lui confie, courent tant de risques, et dont la préparation difficile, coûteuse, souvent imparfaite, offre tant d'obstacles à la culture. Si l'herbe reste courte et n'est pas susceptible d'être fauchée, elle donne une pature d'autant plus nourrissante.

Lorsque la glaise est moins compacte par le mélange de sable, de chaux et d'humus, elle convient très-bien au *froment*, à *l'avoine*, à *l'orge*, aux *féves*, aux *vesces*, au *trèfle*, aux *choux*, à la *navette*, aux *pommes de terre*, aux *navets*.

D'un mélange encore plus considérable de chaux, il résulte ce sol précieux, propre aux plus riches récoltes, telles que la *grande orge*, d'excellent *froment*, l'*orge d'hiver*, le *chanvre*, les *pavots*, le *tabac*, le *colza* la *garance*, le *maïs*, les *choux*, les *féves*, le *trèfle*, la *luzerne*, etc. Un tel sol est regardé comme trop bon pour du seigle, de l'avoine et des pommes de terre. Ces dernières cependant considérées comme moyen de nettoyer la terre, n'en doivent pas être entièrement bannies. Ce serait un crime de songer ici à la jachère complète, qui est souvent si utile, souvent si nécessaire, dans les autres sortes de sols glaiseux.

C. *Plantes pour l'argile.*

L'argile tient le milieu entre le sable et la glaise. Sous ces deux dénominations, il ne faut entendre, ni le sable pur, ni la glaise de potier. Comme l'argile se rapproche plus du sable ou de la glaise, selon qu'elle est plus ou moins mélangée de l'un ou de l'autre, de même les plantes qui lui conviennent varient selon qu'elles se plaisent plus ou moins dans le sable ou la glaise. Dans un bon terrain argileux, on peut cultiver quoique pas tout-à-fait avec le même succès, tout ce qu'on cultive dans le sable amené au plus haut degré de fertilité, et dans le sol glaiseux de première qualité. Plus l'argile se rapproche de la glaise, et plus elle con-vient au *froment*, et plus elle est sableuse, plus elle convient à l'*épeautre* et mieux encore au *seigle*.

Parmi les sols argileux, il en est un qui se distingue par la forte quantité qu'il contient d'un sable fin, qui lui donne toutes les mauvaises qualités de la glaise, sans lui en donner les bonnes. On le nomme une *terre froide*. Il s'échauffe au printemps plus tard, et les récoltes y sont par là en arrière de quinze jours. Il con-

vient mieux à l'*avoine* qu'à l'*orge*, et mieux au *seigle*
qu'au *froment*. Cependant ce dernier y réussit aussi,
de même que l'*épeautre*, et aussi le *colza*, le *trèfle*,
les *vesces*. Avec beaucoup d'engrais on peut y cultiver
toutes les autres plantes.

D. *Plantes pour terres fortes d'alluvion.*

Dans un sol d'alluvion, de nature compacte, l'*orge*
d'hiver, le *froment*, les *fèves*, l'*avoine*, le *trèfle*, le
colza et les *gramens*, réussissent particulièrement.
Il y faut peu ou point d'engrais, mais beaucoup de
travail. Les récoltes binées ne conviennent pas, à cause
des difficultés que présente leur culture. De là résulte la
nécessité de recourir de temps à autre à la jachère qui
ameublit la terre mieux que tous les piochages.

E. *Plantes pour les sols tourbeux.*

Un sol de marais desséché, qui ne contenant point
de terre, n'est formé que de plantes, de racines et de
débris de végétaux, ne convient qu'à l'herbe, pourvu
qu'il soit susceptible d'être arrosé.

Ecobué, il donne les plus riches récoltes de *sarrazin*
et d'*avoine*; il n'est pas propre à une culture continue, à moins qu'il ne soit amélioré par le mélange de
parties terreuses. Dans ce cas, il produit en abondance
des *navets* ou des *pommes de terre*, ensuite du
seigle, ou de l'*avoine*. La *navette d'été* y réussit aussi,
mais ni l'*orge*, ni le *froment*, ni le *colza*, à moins
qu'on ne s'aide de la chaux ou de la marne.

F. *Plantes pour les terrains vaseux.*

Sur un sol tel que celui d'étangs desséchés, les
grains d'hiver souffrent souvent de l'humidité, et les

grains d'été de la sécheresse. La terre est si riche que
les grains versent la plupart du temps. L'*avoine*, et si
le sol est très-gras le *chanvre*, sont les plantes qu'on
peut le mieux y cultiver. Au commencement l'avoine
donne plus de paille que de grain et le chanvre plus
de grain que de filasse, mais plus tard tout le contraire
a lieu. Les *carottes* y deviennent très-longues, mais
elles ont mauvais goût. Les *pois* ne poussent qu'en
tiges et en feuilles, et se couchent. Pour le *colza* ce sol
est trop humide, en revanche la *navette d'été* y réussit très-bien, même dans les places mouillées. Après
en avoir ainsi tiré parti en les cultivant deux ou trois
ans, l'herbe est ensuite la production la plus avantageuse de ces bas-fonds formés de vase, mais desséchés.
Le pré une fois établi est là pour toujours, et son produit est infaillible. C'est une vraie folie, dont moi-même
dans un temps j'ai été atteint par un amour outré de
la charrue, que de vouloir tirer parti de ces étangs
desséchés autrement qu'en les mettant en prairies,

G. *Plantes pour terres légères d'alluvion.*

On trouve ce sol moins dans les vallées et dans les
terres basses, que dans certains creux, où la couche
végétale des alentours, entrainée successivement par les
eaux, forme un sol gras et noir, composé de beaucoup
d'humus en partie insoluble, et d'une très-petite quantité de sable ; à cause de la forte proportion de glaise
qu'il contient, les gelées le soulèvent de manière que
les grains d'hiver ne peuvent y réussir. Les grains d'été
y réussissent d'autant mieux, pourvu qu'une sécheresse
prolongée ne survienne pas après la semaille. On n'y
trouve pas de chiendents, aussi pour ne pas faire perdre

à cette terre son peu d'adhésion, on ne la laboure jamais qu'une fois. Elle ne produit qu'une herbe chétive et peu nourrissante et se gazonne lentement, si elle a été quelques temps en culture. Les grains que l'on y cultive sont les *pois* et les *fèves* fumés, ensuite de l'*orge* à laquelle succèdent deux récoltes d'*avoine*. Comme il y a peu de travaux d'attelages, le produit net est beaucoup plus considérable que dans beaucoup d'autres sols.

H. *Plantes pour le sol calcaire.*

Orge, pois, froment, navets, colza, esparcette et *herbe* pour paturage.

§ 2. CONSIDÉRATIONS RELATIVES AU CLIMAT ET A D'AUTRES CIRCONSTANCES PHYSIQUES.

Il ne suffit pas d'avoir égard à la couche labourable du sol ; si nous ne voulons nous tromper dans le choix des plantes à cultiver, il faut encore prendre en considération une série d'autres circonstances. Tels sont : le climat, le sous-sol, l'inclinaison du terrain, les alentours, toutes choses par lesquelles l'influence du sol en lui-même se trouve tantôt fortifiée, tantôt affaiblie, tantôt détruite, tantôt changée en une autre. La même chose a lieu pour l'action que ces circonstances exercent réciproquement les unes sur les autres. Une couche végétale de sa nature sèche et sans consistance gagnera de l'humidité et de la fertilité par un sous-sol qui retient les eaux, par son exposition au nord ou à l'ouest, par le voisinage de la mer, par une situation basse ou parfaitement horizontale, par le climat septentrional, ou par la fréquence des météores aqueux auxquels la contrée est sujette. Au contraire une couche végétale humide et compacte, devient plus sèche et plus fertile par un site élevé, un climat méridional, une exposition au sud ou à l'est, par le peu de pluie qui tombe dans la contrée, par l'exposition au vent, par un sous-sol perméable, etc.

Telle est l'action de ces circonstances accessoires pour balancer en faveur de la végétation les propriétés nuisibles du sol : mais admettons que le contraire ait lieu, supposons que le sol sec et sans consistance se trouve dans les circonstances où nous venons de placer le sol humide et compact, et que celui-ci se trouve dans les circonstances que nous avons souhaitées au sol sec et sans consistance, alors dans les deux cas les mauvaises qualités de tous les deux seront d'autant plus sensibles et plus défavorables à la végétation.

Ce que nous avons dit de l'influence des circonstances accessoires sur le sol, s'applique aussi à leur influence médiate sur les plantes, par l'intermédiaire du sol. Mais en outre elles exercent encore sur ces dernières une influence immédiate dont nous allons parler.

Il est entendu que ces influences ne doivent pas être contrebalancées par la nature du sol.

A. *Influence des circonstances dépendantes du climat.*

Aucune de nos plantes utiles ne peut se passer de chaleur, de lumière, d'air, de pluie, quoique ces principes de vie ne leur soient pas nécessaires en même quantité. Vouloir déterminer cette quantité pour chacune, serait chose aussi impossible qu'inutile. Cependant pour ne pas abandonner entièrement ses plantations aux chances du hasard, le cultivateur doit établir entr'elles des différences. Ainsi la *vigne*, le *maïs*, le *houblon*, le *tabac*, le *millet*, le *sarrazin*, l'*orge d'hiver*, l'*épeautre*, le *chanvre*, les *betteraves*, la *garance*, la *luzerne*, sont les plantes qui ont le plus besoin de chaleur, tandis que la plupart des *céréales*, les *pommes de terres*, le *lin*, les *navets*, le *trèfle*, les *légumineuses*, les *choux*, le *colza*, les *gramens*, se contentent d'une chaleur moindre. Les récoltes de *seigle* courent des risques dans les pays exposés aux gelées tardives du printemps; celles de *tabac* là où les gelées d'automne surviennent de bonne heure. Si l'on est exposé à de longues et fortes gelées, on sème les grains d'hiver dès le mois d'août, et l'*orge d'été* seulement en mai ou juin. Dans un sol sujet à être soulevé par la gelée, le *seigle* court le plus de dangers, et on ne devrait jamais le semer sans qu'il fût mélangé d'épeautre ou de froment. De même dans les pays exposés à la *rouille* et au *miellat*, il n'y a pas de meilleur moyen que de semer toujours les grains d'hiver mélangés. Ainsi du froment ou de l'épeautre avec du seigle. Il est en effet très-vraisemblable que ces accidens n'affectent les plantes qu'à une certaine époque de leur végétation, or comme le seigle et le froment n'atteignent pas en même temps cette époque critique, l'un des deux peut être sauvé, tandis que l'autre est détruit*. Le *colza*, la *navette d'été* surtout, et même

---

* Des rivières, celles notamment dont le cours est lent, des lacs, des marais, produisent souvent des brouillards, et ceux-ci peuvent donner lieu au miellat. Le brouillard sec (*heerrauch, höherauch, haarrauch, sonnenrauch* produit des effets à peu près semblables. On l'attribue avec

le *trèfle*, sont exposés au miellat. Les *vesces* n'en sont pas exemptes, non plus que les *fèves*, qui sont en outre sujettes à la rouille.

Dans les pays exposés au vent et aux ouragans, il faut éviter les plantes que leur port élevé expose davantage, comme le *houblon*, le *maïs*, le *tabac*, les *topinambours*.

Sous un ciel humide, le *froment*, l'*avoine*, l'*orge d'hiver*, le *trèfle*, les *pommes de terre*, les *navets*, les *vesces*, le *lin* et les *herbages*, conviennent. Dans un climat *sec*, on doit préférer le *seigle*, le *maïs*, l'*orge d'été*, la *luzerne*, les *betteraves*, les *pois*, le *sarrazin*. Cependant on ne sait pas bien quelle température convient le mieux à cette dernière plante, d'une nature toute particulière.

La formation de la fleur et des fruits, dit *Kreisig*, dépend essentiellement de la lumière du soleil. Si les plantes végètent sous des arbres, ou sont couchées et par suite à l'ombre, elles ne produiront que des grains imparfaits. Il en est de même dans les étés où le ciel est habituellement couvert, et la lumière du soleil souvent interceptée par les nuages.

---

beaucoup de vraisemblance, à l'écobuage des terrains tourbeux dans le nord de l'Allemagne. Ce brouillard sec s'approche-t-il, au commencement de l'été, des champs de grains d'hiver, près d'épier ou déjà en épis, et le vent ne le suit-il pas immédiatement, on peut compter que la récolte suivante est réduite d'un quart, d'un tiers, de moitié et même des trois quarts. Parcourt-on les champs deux ou trois jours après, on s'aperçoit de suite du mal qu'il a fait, et on voit les grains flétris. On peut encore obtenir beaucoup de gerbes, mais qui produisent peu de grains. Ce fait a eu lieu encore en 1826, avec l'épeautre et le froment. Le mal est en outre ordinairement accompagné d'un peu de carie. Je n'ai pas encore vu que ce brouillard sec ait passé sans laisser après lui des traces funestes.

Note de l'auteur.

B *Influence de quelques circonstances physiques et locales.*

Je ne parlerai ici que de la pente du sol, de son exposition et des alentours. Si une pente légère est très-favorable à la plupart des terres, surtout à celles qui retiennent l'eau, une forte pente est nuisible à toutes sans exception. Dans de tels champs, il faut s'abstenir des récoltes binées, parce que d'abord les cultures sont difficiles, et parce que surtout la terre est exposée à être délayée par les fortes pluies, et dé-pouillée de ses parties les plus fertiles. Si la pente est très-rapide, la terre végétale est d'autaut plus exposée à être entraînée, et même la jachère complète n'est pas à conseiller. Dans le premier cas, il ne convient de cultiver que des grains, des plantes légumineuses rampantes et du *trèfle*, dans le second cas, on ne saurait mieux faire que de semer ces pentes rapides en *sainfoin* ou *luzerne*, si le sol leur convient, ou de les mettre en *pâturages*.

L'exposition sud et sud-est est la plus chaude; celle nord et nord-est est la plus froide. Le nord-ouest est le plus exposé aux ouragans; et l'est est plus sec que l'ouest. Ces principes peuvent servir de guide au cultivateur, en ayant toujours égard aux autres circonstances. Ainsi dans un sol léger et sec, le *trèfle* pourra réussir à l'exposition du nord, tandis qu'il brûlerait à celle du midi. Le *froment* réussira dans le premier cas, tandis qu'il languira dans le second. Dans le dernier, le *sei-gle* sera plus exposé que dans le premier à être sou-levé par la gelée. Il en sera tout autrement dans un sol compact, et l'exposition du sud y sera beaucoup préférable à celle du nord.

Quant à ce qui concerne les alentours, un site ouvert, libre du côté du midi et abrité du côté du nord est avantageux.

Cependant il ne faut pas désirer l'abri de forêts situées près des terres. Elles produisent plus de mal que de bien, par le froid qu'elles occasionnent, parce qu'elles s'opposent à la libre circulation de l'air et parce qu'elles arrêtent les vapeurs, les brouillards et surtout le brouillard sec. Le voisinage de marais, de fleuves qui coulent lentement, occasionne comme nous l'avons dit le miellat. Des plantations d'arbres bas et pas trop serrés, favorisent sur les hauteurs la croissance de l'herbe. Dans les fonds, elles nuisent à la qualité du fourrage surtout si les arbres sont élevés. Dans des champs ainsi entourés, le seigle graine moins bien, et, dans les années humides, les navets, le trèfle et les grains y sont exposés aux ravages des limaçons.

Par contre les clotures offrent de grandes commodités dans le système de culture où les pâturages et les grains se succèdent alternativement.

C. *Influence de la quantité d'humus contenue dans le sol, sur les plantes.*

Quoique je sois loin de considérer l'humus comme le seul principe de fertilité, il en est pourtant un des principaux; il influe plus dans un sol que dans un autre.

Il est connu que l'humus n'agit pas seulement comme nourriture des plantes, et cette propriété pourrait bien ne pas être sa fonction la plus importante dans la végétation. Mais il agit aussi comme améliorant la terre par ses propriétés physiques. Il ameublit le sol compact, donne de la consistance à celui qui

en manque, de la fraîcheur à celui qui est sec, il
répand la chaleur dans la terre, attire l'humidité de
l'atmosphère, etc. , et c'est en cela que paraissent à
peu près consister ses propriétés les plus importantes.

De ces propriétés il résulte que l'engrais apporté
avec quelqu'abondance, dans un bon champ, n'y
produit pas de suite proportionnellement autant d'effet
que dans un mauvais. Car dans celui-ci, il agit en
même temps comme nourriture des plantes et comme
suppléant à ce qui manque au sol, dans le premier il
n'agit que comme nourriture des plantes. Il en résulte
encore, qu'il y a des sols favorisés d'une si heureuse
composition, que contenant peu d'humus, ils n'ont
besoin que de presque point d'engrais ; et enfin,
qu'à produits égaux, certains champs demandent plus
d'engrais que d'autres.

Comme les plantes ont encore d'autres alimens que
les débris organiques contenus dans le sol, il est extrêmement difficile de déterminer quelle part a l'humus à la nourriture des plantes, et il est plus que
probable que cette part est beaucoup moindre dans une
année que dans une autre, comme on peut le voir si on
compare le produit d'un champ riche à celui d'un
champ pauvre. On verra que dans une année fer-
fertile, la différence à l'avantage du champ riche est
moins grande que dans une année moins fertile. Nous
voyons en outre que la même quantité de fumier mise
dans un champ, y produit une année plus qu'une autre.

S'il est difficile sous ce point de vue de déterminer
l'influence de l'engrais sur la végétation en général,
cela est encore plus difficile, s'il s'agit de plantes isolées. Veut-on prendre pour base la quantité ou la

qualité des produits , je demande quelle part il faut en attribuer à l'air , à l'eau , aux parties inorganiques ? Veut-on l'apprécier par la masse d'engrais qu'une ré-colte, dans un champ donné , exige , pour sa réussite , comparativement à une autre récolte , je demande combien d'engrais elle consomme, combien elle en laisse après elle ? Veut-on apprécier cette dernière quan-tité par le succès des récoltes subséquentes , je de-manderai encore quelle portion de la force qui restait dans le sol, était nécessaire à ces récoltes? Quelles ont été pour elles les influences favorables de l'année ? quelles parties organiques elles se sont appropriées ? quelle force elles ont à leur tour laissée après elles dans le sol? quelle portion d'engrais s'est évaporée par les diverses cultures , ou s'est perdue de toute autre manière ? Ne faut-il pas faire entrer en considération la culture bonne ou mauvaise , et enfin n'y a-t-il pas aussi des végétaux, comme l'herbe , qui enrichissent le sol ?

A tout cela se joint encore une autre difficulté plus grande; c'est que certaines plantes demandent plus d'engrais et en consomment cependant moins que d'autres auxquelles une moindre quantité suffit , mais qui en consomment davantage. Cette apparente contra-diction vient sans doute de ce que les premières ont besoin de l'engrais à cause de ses propriétés physiques, et les secondes à cause de ses principes nutritifs. Mais le résultat est bien différent pour les récoltes qui suivent. Car les plantes qui se trouvent dans le dernier cas , laisseront certainement après elles dans le sol moins de principes nutritifs que les premières, qui en sont moins avides.

Quels savants pourront dénouer ce nœud gordien ?

La connaissance de la nature a ses bornes , au-delà desquelles ses mystères sont couverts d'un voile im-pénétrable.

D. *Influence des plantes sur l'humus et sur le sol.*

Si le sol et l'engrais exercent leur puissance sur les végétaux , ceux-ci à leur tour exercent une influence, tantôt favorable, tantôt nuisible , sur l'engrais et sur le sol. Nous partageons ces influences en *chimiques* , en tant que les végétaux agissent sur la fertilité du sol, et en *mécaniques* , en tant que , par la culture qu'ils reçoivent, ils agissent sur la terre en l'ameublissant.

A. *Influences chimiques.*

Comme il est hors de doute que toutes les plantes enlèvent au sol quelques-uns de ses principes, de mê-me aussi il est bien certain que le plus grand nom-bre d'entr'elles laissent après elles certaines choses à la terre , soit d'une manière connue , soit d'une ma-nière qui nous est encore inconnue. A la première appartiennent les fleurs, les feuilles, les sécrétions des plantes pendant leur vie et les débris qu'elles laissent après leur mort , comme tiges , racines , feuilles , etc. Les moyens inconnus sont attestés par l'influence favorable de nombre de plantes sur celles qui leur succèdent, comme nous le démontrerons plus loin à l'article des successions des récoltes.

Sachant si peu comment agit la nature et quelles causes amènent ses phénomènes, pouvant au plus deviner ces causes, par analogie ou par quelques cas fortuits, nous ne pouvons pas indiquer avec quelque cer-titude quelles sont toutes les conditions, quels sont tous les principes nécessaires à la vie et à la réussite des plantes, d'où elles tirent ces principes, jusqu'à quel point elles s'assimilent les uns, tandis que d'autres leur sont inutiles ; de quelle utilité sont les racines aux branches et aux feuilles, celles-ci aux racines et les racines aux sol; quelles matières sont sécrétées par les racines, après qu'elles se sont assimilé ce qui était nécessaire à leur vie ; quelle est la nature de ces sécrétions, leur influence sur l'état du sol, et sur les récoltes suivantes; de quelle manière les plantes servent de conducteurs à l'atmosphère, pour pénétrer dans l'intérieur de la terre, comme cela arrive avec les féveroles et le colza ; comment d'un autre côté elles pompent du sol la surabondance d'humidité qu'elles évaporent ensuite, comme le saule, l'aune dans les marais, le trefle dans les champs; comment quelques-unes d'entr'elles s'emparent, au moyen de leurs feuilles, des gaz échappés de la terre, et occasionnent une sorte de fermentation à la surface du sol, sous l'abri de leur feuillage touffu. En un mot, qui pourra nombrer, ou qui pourra connaître tous les cas où les végétaux servent d'intermédiaires entre l'air et la terre, et entretiennent leurs communications? Privée de végétaux, la contrée la plus fertile deviendra un désert, et par les végétaux le sol le plus aride devient productif.

Cependant considérées chimiquement, toutes les plantes n'agissent pas sur le sol d'une manière également avantageuse ; quelques-unes même, bien qu'en petit nombre, y produisent des effets nuisibles. Les unes l'appauvrissent, les autres le dessèchent, d'autres favorisent la multiplication des mauvaises herbes. Cependant ce dernier reproche doit souvent s'adresser bien plûtot aux cultivateurs qu'aux plantes elles-mêmes.

Les plantes exercent donc une grande influence sur le sol qui les produit, par certaines *qualités* qu'elles possèdent, mais non par les *quantités* produites ; car autrement à une récolte manquée, il devrait en succéder une meilleure qu'à une récolte heureuse, et c'est ce qui n'a pas lieu.

B. *Influences mécaniques.*

Elles dérivent en partie des plantes mêmes, et en partie de la culture que ces plantes nécessitent. Elles peuvent par conséquent se diviser en *immédiates* et en *médiates*.

Les influences immédiates proviennent des plantes qui, au moyen de vigoureuses et profondes racines, s'approprient des principes qui sans elles fussent restés inutiles. A cette classe appartiennent la *luzerne* et l'*esparcette*, et en partie la *navette* et les *carottes*. Elles proviennent en outre de plantes qui, produisant leurs fruits dans la terre, la soulèvent, la dilatent, et par là l'ameublissent, et la rendent pénétrable aux influences athmosphériques. Dans ce cas est particulièrement la *pomme de terre*, qui par cette seule raison mériterait d'être cultivée et qui est d'ailleurs d'une si grande importance.

Le *colza* pulvérise aussi extrêmement le sol, et c'est sans doute la principale cause pour laquelle le grain d'hiver qui lui succède, exige si peu de semence et réussit si bien. D'autres plantes ont le mérite, par l'épais chevelu de leurs racines, d'unir un sol sans consistance et de diviser un sol compact : l'*herbe* produit le premier effet, le *trèfle* possède l'un et l'autre avantage. Quelques autres nettoyent le sol, en ce que leur ombre ne permet à aucune mauvaise herbe de s'élever : tels sont le *sarrazin* et les *pois* ou *vesces* heureusement venus et coupés avant leur maturité.

Par contre il y a des végétaux qui ne sont pas avantageux au champ qui les produit. Les *céréales*, les *pois* et les *vesces* venus à maturité et qui n'ont pas très-bien réussi, favorisent la multiplication des mauvaises herbes. La terre durcit particulièrement sous les grains d'hiver, de même sous le lin dans les étés secs.

Mécaniquement, le sol doit moins aux plantes elles-mêmes qu'à la main de l'homme qui cultive ces plantes. Ameublissement et propreté du sol sont les conditions indispensables de la réussite des plantes à l'usage de l'homme, et sans lesquelles la terre, à moins qu'elle ne se couvre d'herbe, revient infailliblement à l'état sauvage. Ainsi par les cultures bien entendues que l'on donne à une plante, non-seulement on assure sa réussite, mais on travaille en même temps à l'amélioration du sol. On aurait donc tort de charger les plantes qui exigent le plus de culture de la totalité des frais de travail et de n'en pas reporter une partie au compte du sol qui payera plus tard cette avance par la diminution des frais de culture des récoltes suivantes. Sans cette considération, le compte de ces premières plantes serait constamment en perte, elles ne seraient pas appréciées à leur valeur, par suite on pourrait injustement les exclure de la culture, et cela au préjudice de la terre. La conséquence de ceci est que le cultivateur retire de l'avantage des plantes qui exigent une culture plus soignée, loin qu'elles soient une charge pour lui.

Lorsque le nouveau monde ne nous avait pas encore enrichis des *pommes de terre*, du *tabac*, du *maïs*, des *topinambours*, lorsque nous n'avions pas encore reçu de l'Orient la *garance*, la terre, et particulièrement la terre forte, ne pouvait être ameublie que par la jachère, et elle perdait de sa valeur en proportion du temps où elle ne produisait rien. Cette perte a, du moins en grande partie, cessé d'exister, par l'introduction des plantes que nous venons de nommer, et par d'autres déjà antérieurement connues, telles que les *carottes*, les *navets*, les *choux*, les *colraves*, les *fèves*, pourvu toutefois que ces récoltes soient piochées. La jachère se trouva donc en grande partie supprimée, et ces plantes, tout en occasionnant une augmentation de travail, apportèrent à l'agriculture cet avantage que son capital lui produisit quelques intérêts dans les années antérieurement consacrées à la jachère. Si donc par la suite, je ne me montre pas toujours favorable à ces plantes et notamment aux racines, ce que j'en dirai ne doit s'appliquer qu'à l'abus, à une *extension outrée* de leur culture, ou à une *mauvaise rotation*. Cette réflexion doit s'appliquer aussi à la jachère complète.

En effet le sol glaiseux ne permet pas tout ce que permet le sable. Plus le sol est glaiseux, plus les difficultés de culture augmentent, et plus on doit à cet égard apporter de précautions dans le choix des récoltes. Les cultivateurs de Norfolk peuvent vanter la culture des navets, les Allemands du nord, celle des pommes de terre dans leurs champs sableux ; ces deux cultures ne peuvent pas toujours être pratiquées avec avantage dans les terres plus fortes du centre de l'Allemagne. Ici la jachère complète est souvent préférable , souvent même indispensable. Car, si une récolte doit remplacer la jachère pour nettoyer le sol , le pulvériser, l'exposer aux influences de l'air, il faut que les plantes soient assez espacées, pour que le travail de la pioche ou des houes à cheval ait lieu sans difficultés, en temps convenable, et dans une période qui ne soit pas trop courte. Si l'on ne peut saisir le moment, si cette période de temps est trop courte, les mauvaises herbes s'emparent de la terre, elle durcit, les avantages qui devaient résulter des cultures sont perdus, et le champ souffre beaucoup plus que s'il eût été couvert d'une récolte de grains bien fournie. Autant il est facile, dans les terres de sable, de saisir le moment favorable pour les cultures, autant cela est difficile dans les terres fortes. Tantôt la terre est trop humide, tantôt elle est trop sèche. Est-elle trop sèche, la houe la divise en mottes informes qui ne peuvent servir à butter les plantes, et au milieu desquelles se conservent les graines des mauvaises herbes. Veut-on piocher à la main, l'ouvrage est sans doute meilleur, mais aussi combien est-il pénible et coûteux ! On attend donc une pluie, elle survient, la terre est trempée et on diffère de quelques jours, jusqu'à ce qu'elle soit ressuyée, mais lorsqu'on va commencer, il survient de nouvelles pluies et le moment est passé.

Supposons que nous l'avons saisi, ce moment ; la température a été tout-à-fait favorable, notre champ ressemble à un jardin, la terre est ameublie, les mauvaises herbes sont détruites, et les plantes sont aussi belles que possible. Avec l'automne arrive le temps de la récolte, mais en même temps arrivent les brouillards et les pluies. La glaise est de nouveau trempée et ne séchera plus, les journées sont courtes et sombres. On tire donc à grande peine les racines de la terre poissante, le travail des hommes surmonte les difficultés; mais le champ, il est piétiné, pétri, par les ouvriers et les chevaux, la voiture chargée y ouvre de profondes ornières. Quels peuvent être les effets et les suites d'une pareille culture ! Le lecteur sentira que je trace ici les résultats de ma propre expérience.

§ 3. CONSIDÉRATIONS RELATIVES AUX CIRCONSTANCES ACCIDENTELLES.

A. *Surabondance ou manque d'engrais.*

Celui auquel la nature n'a pas donné d'ailes, ne doit pas chercher à voler. C'est une vérité aussi connue que peu observée. Dans le commerce, ou dans toute autre relation avec les hommes, on s'abandonne souvent aux chances de la fortune; avec de faibles moyens on tente de grandes entreprises et l'on réussit. Il n'en est pas de même avec la nature, on ne peut ni la surprendre, ni la tromper, elle ne dispense pas au hasard ses dons, et ne rend qu'avec des intérêts modérés les avances qu'on lui a faites. Ces intérêts sont certainement plus considérables dans certains cas que dans d'autres. Mais les premiers exigent aussi de plus fortes avances. Ainsi les produits destinés uniquement à la vente rapportent plus d'argent comptant que les grains, mais aussi ils exigent généralement plus d'engrais, n'en produisent point, à moins que l'on n'en soit d'ailleurs abondamment pourvu, on ne doit pas s'adonner à ces sortes de cultures. On se trouvera dans ce dernier cas, toutes les fois qu'on n'aura pas les ressources d'une

grande étendue de prairies, de dîmes de paille à percevoir, de droits de pature, d'un excellent sol, ou la
facilité d'acheter des engrais.

La culture de plantes uniquement destinées à la
vente, est donc interdite à toute grande exploitation
qui ne jouit pas de semblables avantages. Je dis uniquement destinées à la vente, et par là j'entends celles
qui sont en totalité vendues, et ne rendent rien ou
très-peu au sol. Dans ce cas sont le *chanvre*, le *lin*,
le *houblon*, là *garance*, le *tabac*, les *choux*, les
racines qui ne sont pas consommées dans la ferme,
et les *grains* dont on vend la paille. Si quelques-unes
de ces plantes sont utiles au sol par les cultures qu'elles
exigent, ce n'est cependant pas un motif suffisant pour
les admettre, et ces cultures même ne feront que
mieux sentir le manque d'engrais pour les récoltes
suivantes. En Alsace et dans les Pays-Bas, où l'on
cultive en si grande quantité le chanvre, le tabac et
le lin, le fumier produit par l'agriculture est à la vérité
loin de suffire aux exigences de ces plantes, mais on
tire des engrais des villes voisines, ou si ailleurs on vend
des plantes destinées à la nourriture du bétail, on les
échange contre des engrais. Mais ceci n'est praticable
que dans un pays très-peuplé. Ailleurs on ne pent
cultiver avec avantage que des récoltes qui ne peuvent
être vendues, ou qui, à côté d'un produit destiné à la
vente, fournissent de la paille ou du fourrage consommé dans la ferme. Nous développerons ceci dans
la 3ᵉ partie de ce traité.

B. *Bras disponibles.*

La culture des plantes même les plus utiles, mais

qui exigent un travail extraordinaire , ne peut être pratiquée là où les bras manquent , ou bien sont à un prix
si élevé, qu'il absorberait d'avance tout le profit que l'on
peut espérer. Cependant au moyen des instrumens
d'agriculture perfectionnés , on peut , avec une grande
économie , remplacer pour la plupart des cultures les
bras des hommes par le travail des animaux. Seulement
j'engage à ne pas trop y compter pour les sols glaiseux.
En général , je conseille à celui qui dirige une grande
exploitation , de laisser autant que possible la culture
des récoltes qui exigent des soins minutieux et beaucoup de main-d'œuvre au petit cultivateur qui peut avec
femme , enfans et servante , passer sur son champ la
plus grande partie du jour, qui n'a pour cela aucun
salaire à débourser, et qui y trouve encore l'avantage
de faire lui-même toute sa besogne. Toutes ses récoltes
sont en produit net , quand même elles ne couvriraient
que la moitié de la main-d'œuvre. S'il en était autrement
le total de la main-d'œuvre serait dans bien des cas
perdu , et il aurait en pure perte consommé un temps
précieux. En outre , il faut vivre l'hiver et se procurer
des matériaux pour du travail , parce qu'on n'a pas
toujours l'argent qui serait nécessaire pour acheter ces
matériaux. Pour cette classe d'hommes qui estime
beaucoup moins son travail que l'argent , il est donc
sage de se créer par le travail d'été, les matériaux nécessaires au travail d'hiver. Cette considération de la non-
interruption du travail est importante , et c'est pour
cela que les plantes à filer conviennent si bien à cette
classe de cultivateurs.

C. *Éloignement des champs.*

La distance de la ferme aux champs , doit influer

aussi sur le choix des récoltes. On doit exclure des terres éloignées toutes les plantes qui exigent qu'on les visite fréquemment, ou qui, donnant un produit considérable en poids, coûtent beaucoup de transport. Autrement les soins du cultivateur se trouvent trop partagés, et ses atelages sont dérangés de leurs autres travaux. Il faut aux manœuvres une demi-heure pour se rendre à leur ouvrage, une demi-heure à midi pour venir chercher leur repas; autant après midi, et ainsi se perdent deux heures de la journée en allées et venues, car les manœuvres ne vont pas vite. Tout compté, on perdra ainsi une bonne partie du profit de la récolte, comme cela arrive si facilement avec des racines destinées à la nourriture du bétail. La paille au contraire n'est pas lourde, le fourrage sec encore moins, et l'un et l'autre exigent peu d'allées et venues. C'est donc dans les champs voisins du centre de l'exploitation qu'il faut cultiver les betteraves, les navets, les pommes de terre.

D. *Besoins de l'exploitation et placement des produits.*

Semez des navets, nous dira l'Anglais; plantez des pommes de terre, nous dira l'Allemand; cultivez le trèfle et les plantes fourragères nous crieront-ils tous deux à la fois ! Faites les revenir dans votre assolement tous les quatre ans ! — Très-bien, mais qu'en ferons-nous? — Faites manger les turneps à vos moutons. — Nous n'en avons point. — Convertissez vos pommes de terre en esprit, vos betteraves en sucre. — Nous manquons des fabriques nécessaires. — Faites consommer vos fourrages à vos vaches. — Nous sommes déjà si abondamment pourvus de prairies et de pâturages , qu'ils suffisent à tous nos besoins. — Vendez donc vos produits. — Nous n'avons par de débouchés.

Qui doutera que l'on ne puisse parvenir à faire croître en plein champ des asperges et des choufleurs , du froment dans du sable? Mais là où les hommes se contentent de pommes de terre et de pain de seigle, c'est à les produire que le cultivateur trouvera le plus d'avantages, et les objets dont le débit est le plus prompt et le plus sûr, lui seront, en règle générale , les plus profitables.

On voit quelle influence la position particulière du cultivateur peut avoir sur les choix des récoltes. Ce qui nous reste à dire à cet égard, appartient à un des chapitres suivants.

Si l'on voulait établir une règle générale pour le choix des plantes à cultiver , ce serait celle-ci : donner la plus grande extension à la culture des plantes qui conviennent le mieux au sol, qui lui rendent le plus , qui trouvent le débit le plus sûr et le plus avantageux et qui nuisent le moins à celles qui leur succèdent.

§ 4. APPLICATION ET SUITE DES PRINCIPES POSÉS DANS LE § 2.

Les engrais ont une grande influence sur les plantes et celles-ci sur les engrais, les unes et les autres exercent une grande influence sur la terre. Si la richesse du sol provient des engrais , ceux-ci de leur côté proviennent des plantes, et les plantes doivent, du moins en partie, leur existence aux engrais. La terre sert ici d'intermédiaire entre la mort et la vie. Elle reçoit d'un côté les corps des plantes mortes et elle rend de l'autre côté les débris de ces corps à la vie organique. Cet échange est sans interruption et sans fin. Mais la terre ne peut rendre qu'en proportion de ce qu'elle a reçu, et si l'on veut que la circulation ne soit pas interrompue, mais qu'elle soit maintenue en équilibre, il ne faut pas demander à la terre plus qu'elle n'est en état de donner, ou en d'autres termes, il ne faut pas lui demander beaucoup plus qu'on ne lui a soi-même donné. N'est-on pas en position de lui donner ce qui lui serait nécessaire, il est important de ne la charger que de productions moins exigeantes que d'autres, à moins toutefois que de plus exigeantes ne nous mettent en état de tenir compte à la terre de ses avances. Il serait donc de la plus haute importance d'avoir une mesure par laquelle on pût connaître les besoins des plantes, l'épuisement du sol qu'elles occasionnent, et ce qu'on est à même de lui restituer, eu égard à la nature des récoltes qu'il a produites.

La solution de cette dernière question ressort en grande partie de ce qui a été dit sur le produit en paille et en fourrage à l'article de la culture des plantes, et sera en partie amenée, lorsque nous traiterons des assolemens. Nous allons nous occuper ici de la quantité d'engrais qui est nécessaire aux plantes, ou, ce qui est la même chose, de la quantité d'engrais qu'elles tirent de la terre.

Nous sommes ici devant une source profonde. Les chimistes, les mathématiciens, les économes, ont bien tenté d'en sonder la profondeur, d'en mesurer le contenu, malheureusement aucun n'y est encore parvenu. *Thaer*, *Wulfen*, *Thunen*, *Voght*, hommes du premier mérite, cherchent pour l'avancement de la

science agricole, les uns de concert, les autres en
suivant chacun une route particulière, la solution du
problème, dans l'espérance, s'ils parviennent à le résoudre, d'en faire l'application à la pratique. Jusqu'à ce
qu'ils aient réussi, car s'ils n'atteignent pas ce dernier
but, le résultat n'aurait d'intérêt qu'en théorie, ou
pour quelques adeptes, nous nous en tiendrons au
pur empirisme, et il ne nous laissera pas tout-à-fait
dans l'embarras. Au § 2, lettres C. et D. nous avons,
autant qu'il a dépendu de nous, examiné la chose
dans son ensemble, il ne nous reste plus ici qu'à entrer encore dans quelques détails.

Il n'existe aucune plante, à racines enfoncées dans
la terre, qui n'en absorbe pour sa croissance, une
portion plus ou moins grande des principes fertilisans
qu'elle contient. En outre parmi les plantes, il y en
a qui rendent à la terre immédiatement, plus ou
moins de ce qu'elles en ont tiré, d'autres rien du
tout, d'autres autant et plus qu'elles n'en ont reçu.
Ceci a lieu par les racines, les tiges, les feuilles, les
chaumes, ou par le corps entier de la plante. De là
nous les classerons de la manière suivante : elles *enrichissent le sol*, elles *l'améliorent*, elles *le ménagent*,
elles *l'appauvrissent*, ou elles *l'épuisent*. Ceci posé,
nous aurions à déterminer quelles plantes appartiennent à l'une ou à l'autre classe ; mais les cinq couleurs
primitives ne présentent-elles pas une foule de nuances?
Et encore si les agriculteurs pouvaient s'entendre seulement sur ces cinq couleurs primitives. Ce défaut d'accord provient de tant de causes; prédilection pour
telle ou telle plante, variété de sol et de climat, état
de la terre, culture, assolemens, etc., que souvent on

ne peut décider d'où provient la différence des opi-
nions, et qu'on ne peut s'exprimer à cet égard qu'avec
circonspection.

Cependant pour ne pas laisser dans ce traité de
lacune sur ce sujet important, j'exprimerai ici mon
opinion personnelle, résultat de mon expérience,
mais sans prétendre nullement combattre aucune opinion différente. *In dubiis libertas.*

A. *Des plantes qui enrichissent le sol.*

Ce sont celles qui rendent au sol plus qu'elles n'en
ont reçu.

Les seuls végétaux qui puissent être dans ce cas, sont
ceux qui sont en totalité enfouis verts, ou qui ont
occupé le sol pendant une longue suite d'années.

Comme les plantes, ainsi qu'on l'a déjà dit souvent,
et qu'on ne saurait trop le répéter, ne tirent pas uniquement leur nourriture de la terre, mais s'alimentent
encore par l'eau, par l'air et par d'autres influences
atmosphériques, il s'ensuit que le produit de leur croissance doit être plus considérable que ne le comporte la
consommation d'humus que cette croissance a occa-
sionnée dans le sol. Si ce produit est réuni en totalité à
la terre, il s'ensuit encore que celle-ci gagne en fertilité
l'équivalent des principes nutritifs, que les plantes
enfouies avaient tirés d'ailleurs que de la terre. Il s'ensuit encore que les plantes les plus convenables pour
enrichir de cette manière le sol, sont celles qui ont la
végétation la plus vigoureuse, et tirent le moins leur
nourriture de la terre. Dans ce cas sont les *lupins*, le
sarrazin, la *spergule*, les *genets* et le *gazon*. Le
trèfle y serait aussi au premier rang, mais rarement les

intérêts du cultivateur lui permettent de l'enterrer en pleine croissance, et avant d'en avoir tiré une ou deux coupes. Mais si l'on abandonne seulement la deuxième ou troisième coupe, elle suffit avec les racines ou autres débris pour enrichir le sol, en supposant toutefois un trèfle bien réussi.

On peut employer pour le même but, quoique moins convenables, la *navette*, les *fèves*, les *vesces*, le *seigle*. On considère ce dernier comme épuisant plus le sol que les deux premiers, et ceux-ci n'obtiennent une végétation vigoureuse que lorsque le sol qui les porte était déjà en bon état. Dans ce cas, si on les enfouit, ils augmentent certainement la fertilité de la terre.

Les grands végétaux qui ont occupé le sol pendant une longue suite d'années, l'enrichissent encore, comme nons savons que cela a lieu pour les forêts défrichées.

La *luzerne* et l'*esparcette* doivent être placées dans cette classe avant toute autre plante, pourvu qu'elles aient occupé la terre assez long-temps, qu'elles aient toujours été bien garnies, et qu'elles soient enterrées avant leur entier épuisement.

B. *Des plantes qui améliorent le sol.*

Dans cette classe il faut ranger toutes les plantes qui sans enrichir le sol, lui rendent complétement par leurs débris autant qu'elles en ont tiré, et aussi celles qui l'améliorent par les cultures qu'elles exigent, ou par d'autres influences favorables. Ainsi, un *trèfle* bien réussi, lors même qu'il est complétement fauché au moment où on le retourne, rend au sol, par ses débris et ses racines, tout ce qu'il en a tiré. Après lui, le sol humide et glaiseux est plus sec, le sol compact est ameubli , le sable a acquis de la consistance , et ce trèfle est une excellente préparation pour toute autre ré-colte , surtout si l'année suivante est humide.

On peut aussi mettre au nombre des plantes amé-liorantes le *colza transplanté* , ou même non trans-planté , s'il est biné. Je sais que cette opinion pourra trouver des contradicteurs , mais je leur opposerai ma propre expérience , et mes nombreuses observations sur la culture du colza chez d'autres agriculteurs.

Au colza il faut encore ajouter le *tabac* ; il est vrai que ce dernier exige beaucoup plus d'engrais, mais comme sa culture doit être beaucoup plus soignée que celle du colza, qu'il occupe la terre moins long-temps , qu'il lui restitue autant par ses tiges et ses racines , et qu'il la prépare très-bien pour une récolte de froment , puis pour une autre d'orge , on doit nécessairement le compter parmi les récoltes améliorantes , malgré la grande quantité d'engrais qu'il exige.

Je dis plantes améliorantes quand cette expression se rapporte au *sol* et non à l'*agriculture* , car entre ces deux choses, il y a une grande différence. On peut avoir dans son écurie de bons chevaux , du beau bétail et être cependant un mauvais agriculteur. Il en est de même de celui qui , au préjudice de ses autres champs, conduit tout son fumier dans ses champs de tabac ou de colza , de tabac surtout, qui ne fournit aucuns matériaux pour le fumier. Ce n'est pas ici , comme on voit, le lieu de traiter cette question , qui trouvera sa place à l'article des assolemens.

D'autres voudront mettre aussi les racines au nombre des récoltes améliorantes, mais je ne peux leur accor-der cette place distinguée. Les *pommes de terre* ont

le très-grand avantage d'ameublir et de nettoyer le sol,
mais elles ne lui rendent rien immédiatement pour la
nourriture qu'elles en ont tirée, et excepté quelques
tiges, elles ne fournissent aucuns matériaux de fumier.
Nous examinerons à l'article des assolemens quels avantages elles procurent à l'ensemble de l'exploitation.

Je serais beaucoup plus disposé à considérer avec
les Anglais les *féveroles* comme récolte améliorante.
Elles ne sont peut-être pas plus avides d'engrais que le
colza, et les débris de leurs feuilles et de leurs tiges ne
sont pas moindres que ceux du colza. Seulement dans
une terre très-forte, où elles sont à leur véritable
place, ce n'est qu'avec beaucoup de peine et de difficulté qu'elles reçoivent une culture équivalant à une
jachère complète, si même on peut leur donner cette
culture. Convenablement cultivées, et avec les précautions que nous indiquerons au chapitre des assolemens, nul doute que les féveroles ne soient à placer au
premier rang des récoltes améliorantes. Il faut y ajouter
encore le *maïs* pour les pays chauds et dans un sol qui
lui convient. Seulement il demande et il consomme
plus d'engrais que les féveroles. Il est cependant possible que ceci n'ait lieu que dans des pays moins chauds,
et où les féveroles conviennent mieux. On pense généralement en Alsace que le maïs, comme préparation
au froment, est moins bon que les féveroles, et beaucoup moins bon que le tabac.

C. *Récoltes qui ménagent le sol.*

Sous cette dénomination nous comprenons les
plantes qui sans enrichir ou améliorer le sol, ne lui
enlèvent que peu et ne l'appauvrissent pas. Dans ce

cas se trouvent presque toutes les plantes fauchées en vert, avant la formation des graines, comme *vesces*, *pois*, *seigle*, *orge d'hiver*, *avoine*, et encore mieux le *trèfle blanc* et la *spergule*, surtout s'ils sont pâturés. Dans ce dernier cas même, on pourrait les compter au nombre des récoltes améliorantes. Les *vesces* et les *pois* que l'on a laissé mourir, peuvent encore être compris dans les récoltes qui ménagent le sol, pourvu qu'ils soient bien garnis et d'une végétation vigoureuse. J'y ajouterais encore les *navets*, si, comme en Angleterre, ils étaient consommés sur place par les bêtes à laine, mais ceci n'ayant pas lieu en Allemagne, ils ne peuvent nullement y être comptés parmi les récoltes qui ménagent le sol.

D. *Récoltes qui appauvrissent le sol.*

Les plantes de cette classe sont les plus nombreuses et dans le sens le plus étendu, il n'y en a pas une qui n'y appartienne, parce qu'il n'y en a pas une qui ne s'approprie quelques-uns des principes organiques qui se trouvent dans la terre. La différence n'est que dans le plus ou le moins, qui résulte en partie de la quantité et de la qualité des produits, en partie de la restitution que les plantes exercent envers le sol par leurs débris, en partie par la compensation qu'opère une culture plus soignée, en partie par les influences chimiques qu'elles exercent sur la terre et sur les récoltes suivantes, influences qui sont encore et qui seront peut-être toujours inexplicables pour nous. De la réunion de plusieurs de ces circonstances soumises elles-mêmes aux influences du sol et du climat, il résulte nécessairement qu'elles sont modifiées dans leurs effets et balancées les unes par les autres. De là vient la difficulté de classer exactement les plantes, relativement à leur exigence sur la richesse du sol, et celle encore plus grande de classer suivant le mérite de chacune, les plantes appartenant à la section qui nous occupe en ce moment. Car il peut arriver que beaucoup de plantes qui, par la culture soignée qu'elles exigent seraient récoltes améliorantes, sont réellement appauvrissantes par la quantité d'engrais qu'elles absorbent, et réciproquement. Très-souvent encore la nature du terrain exercera son influence. Il faut surtout à un bon sol une culture soignée, et l'essentiel pour un mauvais sol est de ménager ses forces. Je ne puis donc pas établir ici des règles positives, mais dire seulement ce que je sais et quelle est mon opinion particulière. Qu'un autre en fasse autant de son côté, et qu'il déclare, que les grains sont essentiellement épuisans, que les pommes de terre ménagent beaucoup le sol, que le colza est la ruine des champs ; je n'ai rien à objecter à cela, car celui qui émet cette opinion, peut la sentir fondée dans les circonstances particulières où il se trouve, mais seulement il ne faut pas qu'il prétende imposer aux autres comme règle son opinion individuelle.

Voici dans quel ordre je crois pouvoir ranger, sous le rapport de leur faculté épuisante, les plantes de la classe qui nous occupe * : *navets* (Brachrüben), *choux*, *betteraves*, *pommes de terre*, *froment*, *épeautre* (Dinkel), *orge d'été*, *orge d'hiver*, *seigle*, *avoine*, et si l'on voulait ajouter à cette série quelques-unes des

---

* Je fais ici, comme pour la suite, observer que les plantes nommées les premières sont celles qui épuisent le plus le sol.

Note de l'auteur.

récoltes qui ménagent ou améliorent le sol, il faudrait les classer ainsi à la suite des grains, *colza, pois, vesces, lentilles.*

Si le sol était de telle nature qu'il fût plus important de l'ameublir que de ménager l'engrais, il faudrait renverser cet ordre, et placer au premier rang les céréales, comme nuisant davantage à la terre. On aurait alors la série suivante : *froment, épeautre, orge d'été, orge d'hiver, seigle, avoine, pois, vesces, lentilles, navets, betteraves, colza, choux, pommes de terre.*

Je crois que l'on a beaucoup trop chargé les grains, relativement à leurs propriétés épuisantes, et que l'on n'a pas considéré qu'ils reçoivent proportionnellement beaucoup moins d'engrais que les racines et les récoltes destinées uniquement à la vente. Il serait difficile d'obtenir sur une seule fumure deux récoltes consécutives de pommes de terre et encore moins de navets, et c'est pourtant ce qui a régulièrement lieu pour les céréales dans l'assolement triennal. En outre, ceux qui suivent l'assolement alterne, ne placent les céréales qu'après les racines et comme seconde récolte ; s'ils faisaient le contraire, ils ne s'en trouveraient pas bien. Sans vouloir contester qu'ils aient encore d'autres motifs pour suivre cet ordre, je conclus que les racines exigent plus d'engrais que les grains. Si les grains, avec leurs minces chalumeaux chargés du poids des épis, pouvaient supporter une aussi forte quantité d'engrais que les plantes à fortes tiges ou les racines, et s'ils permettaient pendant leur croissance les mêmes cultures que celles-ci, on trouverait sans peine que les grains épuisent beaucoup moins le sol, mais comme une quantité un peu considérable d'engrais serait nuisible aux céréales, on ne peut avec justice leur porter en compte que ce qu'elles consomment réellement. Je crois donc, dans la place que je leur ai assignée, n'être pas loin de la vérité. Il est possible que les céréales pour leur nourriture tirent moins de l'atmosphère que d'autres plantes à feuilles charnues, ou velues, et qu'avec leurs faibles et courtes racines, elles absorbent moins d'humidité que d'autres pourvues de racines fortes, mais il ne s'ensuit pas qu'elles consomment d'autant plus d'engrais, et souvent une pluie survenue à propos pourra doubler la récolte, sans que la terre y soit pour rien.

Je ne crois pas non plus être injuste envers les navets, en les traitant aussi sévèrement. La prédilection des Anglais pour les *turneps* ne prouve absolument rien contre mon opinion. On sait ce que leur coûte un champ de *turneps*, et on connaît les motifs de leur prédilection pour cette plante, malgré les frais qu'elle occasionne. Mais Marshull nous atteste que malgré l'énorme quantité d'engrais, malgré les soins que l'Anglais consacre à ses turneps avant et après l'ensemencement, l'orge qui leur succède ne l'emporte pas d'un grain sur celle qui suit immédiatement du froment.

Si les navets sont à une extrémité de la série des récoltes racines, les pommes de terre sont à l'autre extrémité. En général je considère toutes les racines pivotantes comme plus épuisantes que les racines tuberculeuses, quoique la chose soit difficile à expliquer, puisque les premières, notamment les navets et les carottes, enfoncent profondément leur unique racine, et par conséquent ne tirent aucuns principes nutritifs de la surface de la terre, que d'autres plantes se plaisent à occuper avec les racines qui partent de leur collet. On sait que les navets réussissent d'autant mieux qu'ils sont plus dégagés de terre, de manière qu'ils ne paraissent tenir au sol que par un fil. Si l'on voulait faire valoir ce fait contre mon opinion de leur faculté épuisante, on accuserait d'autres plantes qui devraient par là être plus épuisantes que les navets, ce qu'on ne peut admettre. Peut-être, et qui sait si cela n'est pas, les fâcheuses influences des navets sur le sol proviennent-elles d'autres causes? Peut-être, selon l'expression des paysans, les navets rendent-ils la terre aride? Quoi qu'il en soit, j'ai fait fleurir et porter graine toutes les plantes dans du verre pilé, j'y ai obtenu des pommes de terre, et je n'ai pu y obtenir un seul navet, quelque grande que soit l'avidité de cette plante pour l'eau.

E. *Des plantes qui épuisent le sol.*

J'appelle épuisantes les plantes qui exigent beaucoup d'engrais, ne permettent pendant leur végétation aucune culture, occupent quelquefois la terre plus d'une année et qui toutes ne rendent absolument rien au sol pour ce qu'elles en ont tiré.

Comme je ne trouve pas cette définition assez exacte et qu'il est difficile d'en donner une satisfaisante, je me hâte de nommer comme appartenant à cette classe les plantes suivantes :

Le *houblon*, la *garance*, les *navets* récolte dérobée, le *colza* destiné à être transplanté, le *chanvre*, le *pavot*, les *cardères*, le *lin*, le *pastel*, la *gaude*, la *réglisse*.

Peut-être ai-je tort de placer ici le *houblon* qui se cultive plutôt dans les jardins que dans les champs, mais il exige et enlève à l'agriculture tant d'engrais, peut-être plus que la vigne, que je ne peux m'empêcher de le signaler.

Par la culture de la *garance*, on peut à la vérité rendre bon un mauvais terrain, mais outre beaucoup de travail elle exige tant d'engrais, et il en reste si peu au bout des trois années pendant lesquelles elle occupe la terre, que je ne peux considérer cette plante que comme très-épuisante.

Nous trouvons de nouveau ici les *navets* cultivés comme récolte dérobée. Ce que nous avons dit des navets récolte jachère, s'applique encore mieux à ceux-ci. Si on ne leur donne ordinairement pas d'engrais, ils épuisent d'autant plus le vieil humus de la terre, au grand détriment des récoltes suivantes. Il n'y a que ceux qui fument tous les ans, ou tous les deux ans leurs champs qui puissent cultiver les navets comme récolte dérobée.

Si plus haut j'ai compté le colza transplanté et même celui semé en lignes, tous deux binés, au nombre des récoltes améliorantes, le contraire a lieu pour les plantes de colza que l'on arrache à l'automne du champ où ils ont été semés. Comme leur végétation est rapide et vigoureuse, qu'ils sont semés épais, ils ne rendent absolument rien au sol, et ne reçoivent aucune culture, on ne peut les considérer que comme très-épuisans, et ce fait est confirmé par l'expérience. Ceci est tout-à-fait contraire à l'opinion que c'est par la formation des graines que les plantes épuisent le plus le sol, opinion que je n'ai jamais partagée et sur laquelle il faut que je m'explique.

Deux sources fournissent les principes de la végétation, ce sont la terre et l'atmosphère. Ces deux immenses récipiens réunissent toutes les parties qui s'échappent sans cesse des corps, par exhalaison, évaporation, transpiration, décomposition; ils les transmettent à de nouveaux ou à d'autres êtres, et ceux-ci, pourvu qu'ils soient doués d'un principe de vie, s'en emparent, les élaborent, et à l'aide d'un fluide, soit sève, soit sang, les distribuent jusqu'aux parties les plus extrêmes des corps, qui y trouvent les alimens nécessaires à l'entretien de leur vie, à leur croissance, à la formation des feuilles, des fleurs et des fruits. La nature essentiellement créatrice ne détruit un vieil édifice que pour en employer les débris à en construire un nouveau, ou à en terminer un autre déjà commencé. Pour cela elle tient en réserve tous les matériaux qui autrement seraient perdus, et elle les distribue selon les besoins et les circonstances.

Lorsque les plantes ont cessé d'exister, leurs parties les plus subtiles s'évaporent dans l'atmosphère; les plus grossières retournent à la terre, et de ces deux réservoirs, elles reviennent fournir à la vie et à la croissance de nouvelles plantes. Je ne pense pas qu'à cet égard il puisse s'élever aucune difficulté, mais il y en aura à savoir quels principes contribuent le plus à la formation des grains, et quels à la formation des parties herbacées et des feuilles des végétaux. Ou, en d'autres termes, dans quel période de leur existence, les plantes tirent-elles plus de l'atmosphère ou de la terre; enfin à l'époque de leur complet développement, ne peuvent-elles pas paraître comme étant déjà rassasiées et n'ayant plus besoin de demander de nourriture ni à l'air ni à la terre?

Comme de telles questions ne peuvent être résolues *à priori*, il faut, pour leur solution, nous contenter d'observer, et chercher à saisir quelques phénomènes que nous offre la végétation aux époques que nous venons de citer.

Nous voyons d'abord avec quelle vigueur se développe la première végétation de l'herbe et des feuilles dans un sol gras, ou convenablement fumé. Combien elle est chétive dans un sol maigre, et nous concluons déjà avec certitude, sauf les accidens de température, que le produit de la récolte sera dans un rapport exact avec la végétation en herbes ou en feuilles, dans cette première période de la vie des plantes, quoique les influences atmosphériques favorisent le développement des feuilles, et puissent aussi l'arrêter, dans le champ gras, comme dans le champ maigre, elles ne peuvent cependant pas avoir un effet tel qu'il n'existe pas par la suite une différence sensible. A la vérité, une température très-favorable améliorera la situation du champ maigre, relativement au champ gras, mais aussi une température défavorable sera proportionnellement bien plus préjudiciable au champ maigre qu'au champ gras.

La conséquence nécessaire à déduire de ceci, me paraît être, que la prospérité et la croissance des plantes dans la première période de leur vie, dépendent beaucoup plus de la richesse du sol que des influences atmosphériques. Mais si elles doivent plus au sol, il s'ensuit aussi qu'elles l'épuisent davantage.

Nous trouvons aussi que dans la seconde période de la vie des plantes, période dans laquelle je comprends le temps du développement des chalumeaux dans les graminées, les seules plantes qui s'élèvent avec vigueur sont celles qui se sont créé une base solide , par une forte végétation dans l'état herbacé.

Le développement des tiges est alors d'autant plus facile , la terre et l'air en font en commun les frais. Mais à mesure qu'elle s'élève , la plante a moins besoin de sa première nourrice , et demande à l'athmosphère les alimens qui lui sont nécessaires. Cependant aussi long-temps que dure l'état herbacé de la plante dont la croissance n'est pas achevée , elle ne peut pas se passer entièrement de la terre. Il paraît même que quand elle approche de l'époque du développement des fleurs , elle rassemble toutes ses forces pour faire provision des *alimens terreux* qui lui sont nécessaires pour la formation des fruits.

De cette époque à laquelle commence la troisième période de son existence , elle ne demande plus au sol qu'un peu d'humidité. L'air, la lumière et la chaleur se chargent de terminer l'ouvrage , en mettant en œuvre les principes nutritifs que la plante a précédemment rassemblés dans son organisme. La force vitale occupée de la formation des semences attire vers le sommet du végétal toutes les parties qu'il contient en lui , et dont elle a besoin. Ce n'est plus le temps de rien demander à la terre. Celle-ci perd son influence sur ses nourrissons du moment où se forment les fleurs. Que l'on fume alors tant qu'on voudra , que l'on arrose la plante d'engrais liquides , qu'on l'entoure de terreau, la floraison , ni la fructification n'en ressentent pas la moindre influence. Les vaisseaux de la tige commencent déjà à durcir, le chalumeau jaunit et sèche près de terre ; la communication avec celle-ci est fermée, de nouveaux sucs ne peuvent plus s'élever, ne peuvent plus être élaborés, ni par les racines privées de vie, ni par les tiges desséchées. Les feuilles qui périssent à la même époque, sont un indice que l'air commence aussi à perdre son influence sur le corps de la plante. Ce n'est plus qu'au sommet qu'existe encore la vie, avec le travail de la création. La fleur tombe, l'épi jusqu'a-lors vide se remplit, les grains se forment. Leur subs-tance aqueuse d'abord s'épaissit, et de lait devient farine. Il n'y a plus aucun secours à attendre de la terre, et elle n'est pas appauvrie par l'existence prolongée des récoltes, après le moment de la floraison. Son rôle est terminé, le ciel fait le reste. Tous les principes dissé-minés par la décomposition des corps, se réunissent de nouveau, et chacun retourne à sa source primitive*.

Cependant on nous oppose une objection fondée sur l'expérience et qui paraît difficile à résoudre ; c'est que « une récolte réussit mieux après du grain ou des » vesces, quand on les fauche verts que si on les laisse » murir. » Cette observation est exacte, mais il est facile de lui assigner d'autres causes, et les voici : si une récolte reste sur pied jusqu'à sa complète maturité, le sol se durcit de plus en plus, et reste d'autant plus long-temps fermé aux influences atmosphériques. Les mauvaises her-

---

* Les faits confirment cette théorie : ainsi dans le pays que nous habi-tons on a l'excellent usage de couper le seigle lorsque le grain est encore tendre, et de le mettre sur-le-champ en tas où il acquiert sa complète maturité. Ce seigle traité ainsi, gagne en qualité, devient plus lourd, plus riche en farine, les boulangers le distinguent et le payent mieux. On ne saurait trop recommander un procédé qui à cet avantage réunit celui de mettre la récolte à l'abri des intempéries.

On coupe le seigle, on le met immédiatement en tas, la pluie ne peut plus lui nuire, et on peut profiter d'un seul beau jour pour rentrer toute une récolte.

Note des traducteurs

bes qui s'y trouvent, ont le temps de s'en emparer, ou d'y venir à maturité, et lui rendent très-peu si elles finissent par se dessécher. En outre si on laisse venir à maturité une récolte de plantes légumineuses, on ne peut ni donner à la terre les cultures nécessaires, ni semer dans le moment favorable le grain d'hiver qui succède. Tous ces inconvéniens n'ont pas lieu si la récolte est fauchée verte.

Une autre cause encore plus influente, c'est que les chaumes d'une récolte, fauchée verte, rendent beaucoup plus au sol pour ce qu'ils en ont tiré, que les chaumes secs d'une récolte venue à maturité.

Comme les plantes, ainsi que nous l'avons dit tout-à-l'heure, se sont, vers l'époque de la floraison, peut-être même un peu avant, déjà pourvues de tous les principes nécessaires à la formation des semences, mais que ces principes ne se réunissent au sommet des tiges que pour la formation des graines, sont à l'époque de la floraison, dispersés dans tout le corps de la plante, il s'ensuit que la partie inférieure des tiges, et même les racines de la plante coupée verte, contiennent et rendent à la terre une beaucoup plus grande quantité de ces principes que le chaume et les racines des mêmes plantes venues à maturité. On peut voir à cet égard les belles expériences de M. de Dombasle.

Les vesces coupées vertes, comparées à celles qui sont venues à maturité, prouvent ici encore bien moins que les céréales ; car les vesces continuant à croître après la formation des siliques, il n'est pas étonnant que cette végétation prolongée épuise proportionnellement le sol.

Il y aurait une expérience facile à faire pour la solution de cette question ; ce serait de prendre une portion d'un champ de grain, à l'époque de la formation des épis, ou peu avant la floraison, une autre après la maturité ; retourner l'une et l'autre, les ensemencer convenablement, par exemple en grains d'été après grains d'hiver et avec les mêmes préparations et comparer exactement les résultats.

Je reviens après cette longue digression, au *chanvre*, dont personne ne niera les propriétés épuisantes, malgré la quantité d'humidité qu'absorbent ses nombreuses feuilles. Ce n'est que par la raison que l'on consacre au chanvre une énorme quantité de fumier, que l'on obtient après lui de bon froment.

Le *lin* n'exige pas à la vérité une grande quantité d'engrais, souvent même on ne le fume pas du tout, mais il épuise le vieil humus, et il dessèche la terre d'une manière tout-à-fait particulière.

Je ne saurais dire par expérience à quel degré sont épuisantes le *pastel*, la *gaude* et les *cardères*, mais je crois que ces plantes sont plutôt plus que moins épuisantes que le lin avec lequel je les ai classées, et qu'entr'elles ce sont les *cardères* qui maltraitent le plus le sol.

Le *pavot* appartient aussi à cette catégorie de plantes épuisantes qui ne rendent rien à la terre pour la quantité assez considérable de fumier qu'elles exigent. A en juger par la forme de ses racines il paraît que son action s'exerce surtout sur l'humus. Les cendres obtenues de ses tiges pourraient être une compensation, et l'on doit en tenir compte à la plante, quoiqu'elles soient trop précieuses pour qu'on les abandonne à la terre. Je connais au reste des endroits dont les habitans ont fait beaucoup de tort à leurs champs par la culture du pavot.

SECONDE PARTIE.

___

ROTATIONS DES RÉCOLTES.

Il existe en toutes choses un certain ordre, un enchaînement, une suite, auxquels il est prudent d'avoir égard, et qu'il est dangereux de contrarier. Chercher par des chemins difficiles ce que l'on peut trouver en suivant la voie battue, n'est que prodigalité de frais et de travail. Nous avons recherché dans la première partie quelles plantes conviennent ou ne conviennent pas à notre sol, à notre climat, à notre position particulière, dans celle-ci nous avons à rechercher comment elles peuvent avec plus ou moins d'avantage se succéder les unes aux autres.

Certaines plantes exigent plus, d'autres exigent moins de nourriture, les unes se contentent de débris organiques encore durs, d'autres veulent qu'ils soient déjà décomposés, elles salissent plus ou moins le sol, elles exigent une culture plus ou moins soignée : les unes supportent une semaille tardive, d'autres veulent être semées de bonne heure; les unes arrivent promptement à maturité, les autres occupent la terre long-temps, et ne laissent que peu de momens au cultivateur pour la préparer. Nous voyons donc quelle foule de considérations doivent influer sur la succession des récoltes, si l'on veut s'assurer d'heureux résultats.

Nous diviserons ces considérations en trois sections :

Nous examinerons dans la première le travail qu'exige

chaque plante, ou les cultures qu'on lui donne ordinairement, sous le rapport de leur influence sur les récoltes suivantes.

Dans la seconde, les principes nutritifs qu'exige chaque plante, ou ceux qu'elle laisse à celles qui lui succèdent.

Dans la troisième, jusqu'à quel point chaque plante peut ou ne peut pas se succéder à elle-même, et comment les plantes entr'elles peuvent ou ne peuvent se succéder les unes aux autres.

PREMIÈRE SECTION.

SUCCESSION DES PLANTES SOUS LE RAPPORT DES CULTURES QU'ELLES EXIGENT.

Ce n'est pas en fabrication un médiocre avantage que d'enchaîner les travaux de manière que l'un serve de préparation à l'autre. Tout marche alors, il n'y a point d'arrêts, point de perte de temps, point de précipitation qui nuise à la perfection de l'ouvrage. Ceci s'applique également à l'agriculture, et particulièrement aux successions de récoltes. Si une plante qui doit être semée de bonne heure succède à une autre d'une maturité hâtive, si celle qui exige un sol propre et ameubli, est précédée d'une autre qui demande de nombreuses cultures, ou qui couvre le sol de son ombre, on est fondé, toutes circonstances d'ailleurs égales, à attendre le produit le plus considérable, et de même l'on aura peu à espérer d'un arrangement contraire, à moins que l'on n'en balance les inconvéniens par des efforts et des frais extraordinaires, ce qui est rarement profitable.

§ 1er SUCCESSION DES PLANTES SELON LES ÉPOQUES
DIVERSES DE LEUR MATURITÉ.

Si la préparation du sol, indispensable à la réussite
des plantes, exige du travail, le travail exige du temps.
C'est donc un des nombreux bienfaits de la providence
d'avoir varié la durée de la vie des plantes, de l'avoir
bornée chez les unes à un espace de quatre à six mois,
tandis que chez d'autres, elle se prolonge jusqu'à dix,
onze mois et plus. Comme nos printemps, nos étés et
nos automnes sont trop courts pour amener à maturité
celles qui croissent lentement, la nature les a endur-
cies, de manière à ce que, dans l'état herbacé, elles
pussent, comme le seigle, le froment, le colza etc. ré-
sister au froid de l'hiver. On peut donc les semer dès
l'automne, et leur maturité arrive en été à l'époque
la plus favorable.

Il ne faut à d'autres plantes, telles que l'avoine, l'orge,
le sarrazin, les légumineuses, les racines, qu'une durée
de trois à six mois ; tandis que d'autres que l'on nomme
pérennes, occupent la terre deux, trois années et plus,
et livrent chaque année une, deux et même trois récoltes, ou bien seulement une seule, pour toute la durée de
leur existence. Dans le premier cas sont les trèfles, le
houblon ; dans le second, la garance, la réglisse, etc.

Il serait très-malheureux que nous eussions seulement des grains d'hiver, ou seulement des grains d'été.
Car, outre que la totalité de nos récoltes courrait
risque d'être détruite par les intempéries d'une saison,
les travaux se trouveraient tellement accumulés à
l'automne ou au printemps, qu'il faudrait le double

d'attelages et le double d'hommes, et que par un temps défavorable, il serait impossible de les terminer. C'est aussi une des raisons pour lesquelles on fait ordinairement succéder du grain d'été à du grain d'hiver. Ce n'est que par exception qu'à une récolte de grain d'hiver on en fait succéder une seconde, quoique le produit en soit plus considérable en grain et en paille. Une autre raison, c'est que dans le court intervalle qui existe entre deux récoltes de grains d'hiver, on aurait rarement le temps d'ameublir ou de nettoyer convenablement un sol argileux, souvent infesté de mauvaises herbes à racines traçantes.

Il y a ici une exception en faveur des pays où l'on peut semer avec succès les grains d'hiver, depuis la mi-octobre, jusqu'à la fin de novembre, et c'est le cas dans lequel se trouvent surtout les terres de sable, où l'on peut semer le seigle jusqu'en février. Quelques espèces de grains font encore exception, comme l'orge d'hiver, dont la récolte a lieu avant toutes les autres, et les variétés d'épeautre qui supportent la semaille la plus tardive.

Enfin un sol meuble de sa nature, sec et propre, fait encore exception. Comme la plupart de ces circonstances se trouvent réunies dans les Pays-Bas, nous voyons que les belges bannissent de leurs champs le plus possible les grains d'été, et sèment du grain d'hiver, même après les pommes de terre et les navets. Il y a beaucoup de terres argileuses où le seigle après le froment réussit mal. Le froment succéderait mieux au seigle à cause de la maturité hâtive de ce dernier, s'il n'y avait un autre obstacle, dont nous parlerons dans le paragraphe suivant. Non-seulement le seigle veut pour sa réussite une terre mieux préparée que le froment, mais aussi il exige que le sol, avant la semaille, se soit reposé deux ou trois semaines après le premier labour, tandis qu'on peut semer le froment immédiatement sur le deuxième labour, ou même enterrer la semence par ce labour. Seigle après seigle vient bien dans les terres de sable, et seigle après orge d'hiver, très-bien partout où cette dernière semaille réussit.

Pour la préparation du sol, c'est après le colza, après le trèfle ou autres plantes coupées vertes, que le grain d'hiver offre le moins de difficultés. Le colza laisse la terre libre assez tôt, pour que l'on puisse lui donner trois labours, comme pour une jachère complète. Après le trèfle, un seul labour suffit; il en est de même après les récoltes coupées vertes; dans ce dernier cas, un labour et demi au plus peut devenir nécessaire, en supposant toutefois que ces récoltes et le trèfle eussent bien réussi. Les fèves, les pois, les vesces, le sarrazin venus à maturité, offrent un peu plus de difficultés. Le lin laisse le temps suffisant; le chanvre et le tabac en laissent moins; les racines et les tubercules moins qu'aucune autre espèce de récolte. Pour les grains d'été, les plantes fourragères et celles qui sont destinées à la vente (le colza et la navette d'hiver seuls exceptés), il est clair qu'il est indifférent que la récolte précédente ait lieu de bonne heure ou tard, puisque l'hiver les sépare. La navette d'hiver qui supporte une semaille tardive, peut très-bien succéder au seigle. Il n'en est pas de même du colza, et il n'y a que très-peu de pays, ou de terres, où, cultivé ainsi, il puisse réussir. Le triple labour qu'il exige, le transport de l'engrais qui lui est nécessaire, et les autres travaux

qui se pressent à cette époque, présentent de nombreuses difficultés. En outre cette semaille tardive
expose le colza à souffrir les gelées ; dans tous les cas,
il est encore bien faible lorsque l'hiver arrive, et l'on
sait que cette plante n'acquiert plus au printemps ce
qu'elle n'a pas acquis avant l'hiver. Si donc il n'est pas
transplanté on ne peut semer le colza avec espérance
de succès, qu'après une jachère complète, ou une
première coupe de trèfle, ou d'autres fourrages verts.
Mais si une fumure n'est pas nécessaire, alors il peut
succéder au seigle.

§ 2. SUCCESSIONS DES RÉCOLTES D'APRÈS LES DIFFÉRENTES
CULTURES QU'ONT REÇUES LES RÉCOLTES PRÉCÉDENTES.

L'ameublissement et le nettoyement du sol, sont les
conditions de rigueur pour obtenir des résultats satisfaisans, et l'on n'atteint parfaitement ce double but, que
par une jachère complète bien travaillée ; car entre la
récolte d'une plante et la semaille de la suivante, il n'y
a pas toujours le temps qui est nécessaire à la complète
préparation du sol. Il est donc très-important de faire
précéder la jachère d'une plante à laquelle nous atta-
chons de l'importance, et qui, en elle-même, laisse peu
de temps pour la préparation de la terre, par une autre
plante dont la culture remplisse le double but de la
jachère, nettoyement et ameublissement, ou seulement
un des deux. Dans le premier cas sont les plantes qui
reçoivent des binages pendant leur végétation ; dans
le second, celles qui, ombrageant complètement le sol,
étouffent les mauvaises herbes, et celles qui sont fauchées assez tôt pour que les mauvaises herbes ne puissent

porter graine. Nous diviserons donc ces récoltes en deux classes, celles qui nettoyent et ameublissent tout à la fois, et celles qui nettoyent seulement la terre. Mais les unes et les autres ne suppléent qu'imparfaitement, dans les terres fortes, à la jachère complète : celle-ci, comme la préparation par excellence à toutes les récoltes, mérite que nous nous occupions d'elle avant tout.

A. *Préparation par la jachère complète.*

Je connais les durs reproches que l'on a adressés dans les temps modernes à cette malheureuse jachère, dont l'origine remonte à tant de siècles, et il me faudrait écrire un gros volume, si je voulais les énumérer et les combattre tous. A. Joung a le premier levé le bouclier contre elle, les anciens et raisonnables partisans de cette méthode ne s'en sont pas effrayés et il n'a pu la faire bannir de la terre, pas même de l'Angleterre. Bien plus, la violence de l'attaque a fait surgir des champions, qui ont pris fait et cause pour elle, et qui soutiennent et soutiendront encore longtemps le combat.

Il n'est pas facile de faire, par quelques traits de plume et quelques heureux exemples, renoncer à une chose admise généralement depuis environ deux mille ans. Il serait absurde de croire qu'un usage si ancien, si général, n'a pour base que le préjugé ou la sottise, et ne repose pas aussi sur quelque vérité. Ce serait prétendre que nos ancêtres ont toujours été privés de bon sens, mais que nous n'avons pas hérité de leur bêtise. Sans doute ils avaient, ainsi que nous, bien des choses à apprendre, et à bien perfectionner ce qu'ils savaient, pourtant ne rejetons pas la *sapientia patrûm*, de crainte que nos neveux ne nous traitent un jour de même. Mais je laisse de côté nos ancêtres, toutes les autorités pour et contre, modernes et anciennes, et je veux seulement exposer mes propres idées, en laissant au lecteur toute liberté d'opinion.

J'exposerai d'abord les abus qui peuvent accompagner l'emploi de la jachère, puis les conditions à remplir pour qu'elle soit profitable, ensuite les avantages qu'elle procure, enfin je combattrai quelques-uns des reproches qu'on lui fait avec plus ou moins de fondement.

1. *Abus à éviter.*

On peut abuser de tout, par conséquent aussi de la jachère complète. Mais si l'abus prouvait quelque chose, il y a long-temps qu'il aurait fallu renoncer aux choses les meilleures, les plus utiles et les plus saintes.

Il fut un temps où l'on faisait revenir la jachère tous les deux ans. Virgile et Columelle nous l'attestent, et aujourd'hui il y a encore des contrées où grain et jachère se succèdent sans interruption. Il y avait aussi et il y a encore des contrées, où la jachère revient tous les trois ans, système qui selon les circonstances est plus mauvais que le précédent. Cependant l'un et l'autre peuvent trouver leur justification dans le temps et les localités, et par conséquent ne pas être rangés de plein droit parmi les abus, comme il ne nous sera pas difficile de le prouver plus tard. Bornons-nous ici à des temps et à des positions où il serait insensé de faire revenir aussi souvent la jachère. La considérant pour ce qu'elle est et doit être, c'est-à-dire, non comme un soutien de l'indolence, mais comme un moyen d'ameublir le sol endurci, et de nettoyer celui qui est empoisonné de plantes vivaces, on y aura recours lorsqu'on ne se sentira plus la force de combattre le mal par les moyens ordinaires.

Un second abus que l'on peut faire de la jachère, c'est d'y soumettre un sol auquel elle ne convient pas, tel qu'un sol léger, sec, sablonneux surtout, qui de sa nature n'est déjà que trop privé d'adhésion et de consistance. Il en est de même d'une bonne terre qui contient de la marne, ou une suffisante quantité de chaux, et qui labourée, même humide, se dessèche bientôt, et s'émiette comme la terre d'un jardin. Le mauvais sol soblonneux et aride de la Campine belge est semé tous les ans. Le repos qu'on voudrait lui accorder ne servirait qu'à le couvrir de bruyère. L'Alsacien aussi, quoiqu'avec peine, tire bon parti de son excellent sol, sans la jachère.

Si l'ignorant croit que, comme lui, la terre a besoin de repos après le travail, un tel argument ne mérite pas de réfutations, et il n'est pas à ma connaissence qu'un partisan raisonnable de la jachère se soit servi de si misérables armes pour la défendre.

2. *Conditions nécessaires à l'emploi de la jachère.*

Celui qui veut atteindre un but donné doit aussi vouloir les moyens nécessaires pour y arriver. Plus ces moyens seront complets, plus il atteindra le but surement et complétement. Des demi-mesures n'aboutissent ordinairement à rien et nous causent souvent plus de préjudice que si nous n'en eussions pris aucune. S'est-on une fois décidé à recourir à la jachère, et à lui faire le sacrifice d'une année, ce serait une négligence coupable que de ne pas la travailler parfaitement. C'est ainsi que ne prend qu'une demi-mesure celui qui, avec le principal résultat de la jachère, veut en obtenir un autre. D'un côté il veut nettoyer et ameublir son champ ; de l'autre il veut procurer une pature à ses troupeaux pour le printems et le commencement de l'été, deux résultats qui, dans la plupart des terres, si ce n'est dans toutes, sont in-compatibles. La pâture veut du repos, pour que le sol se couvre d'herbes, la jachère veut que la terre soit remuée, tournée et retournée, pour que toutes les herbes et plantes y soient détruites. L'un et l'autre but sont ainsi manqués. La terre est mal préparée et elle ne donne qu'un mauvais pâturage. Si la terre est forte, humide surtout, le propriétaire perd plus par le défaut de culture, qu'il ne peut gagner par le pâturage. On cherche à améliorer le pâturage en semant du trèfle blanc. Si la terre est sèche, si elle n'est pas chargée de plantes vivaces, si elle n'est pas épuisée, cela peut jusqu'à un certain point réussir sans nuire sensiblement au sol. Le trèfle laisse des principes fertilisans qui compensent le défaut de culture pour les récoltes qui suivent immédiatement, mais qui ne peuvent y suppléer pour la suite.

3. *Avantages de la Jachère complète.*

A. *Nécessité.*

En démontrant que la jachère complète est dans certains cas nécessaire, nous aurons démontré qu'alors elle est avantageuse. Car s'il y a alors perte en ne la pratiquant pas, il y a profit en la pratiquant. Mais quels sont les cas où elle est nécessaire ? Nous allons chercher à les faire connaître.

Si nous observons les Pays-Bas, le Palatinat, l'Alsace, les Etats-Autrichiens ; selon le témoignage du Dr Bûrger, du Danube jusqu'au Pô, nous n'y trouvons pas de jachère.

Elle n'est donc pas, va-t-on me dire, d'absolue nécessité. Mais qui, ayant seulement vu un jardin dans le voisinage d'une grande ville, a jamais pu prétendre que la jachère fût d'absolue nécessité ? Combien d'absolues nécessités avons-nous en agriculture ? Est-ce peut-être la culture du trèfle, des récoltes piochées, est-ce un assolement donné, est-ce un certain mode de culture ? Laissons là ces rêveries et bornons-nous à la réalité.

Qu'on nous donne un pays traversé d'autant de rivières et de canaux, possédant autant de villes importantes, où l'industrie soit portée à un si haut point, et surtout qui soit sarclé comme la Flandre, où la luzerne et l'esparcette réussissent aussi bien, un pays qui ait autant de distilleries que le Palatinat, qui possède un aussi excellent sol et qui produise autant de récoltes pour le commerce que l'Alsace, un pays qui soit riche en pâturages comme la Suisse et la Hollande, enfin, où la population soit aussi nombreuse, les propriétés aussi divisées, les exploitations aussi petites et l'industrie aussi grande que dans les pays que je viens de citer, et je suis prêt à déclarer que la jachère n'est pas nécessaire, pas utile, qu'elle est même préjudiciable.

Qu'on nous donne au contraire un pays dont le sol

est tenace et ingrat, où les trèfles * ne réussissent pas, dont la population est peu nombreuse, les exploitations étendues, une partie des terres éloignées des habitations, où, à défaut d'emploi, les récoltes piochées ne conviennent pas, etc.... et nous serons forcés de considérer la jachère non-seulement comme nécessaire, mais encore comme avantageuse.

De ce qu'une pratique est bonne dans un sol sec et léger, il ne faut pas tirer la conséquence erronée qu'elle conviendra à une glaise humide ; et si un champ de cette dernière nature, est soumis à une certaine culture, il ne faut pas prétendre y soumettre avec succès toute une ferme. La couche supérieure peut avoir été ameublie par une longue culture, mais si elle repose sur un sous-sol humide et imperméable, cette terre produira beaucoup plus d'herbes qu'une autre dont le sous-sol est perméable. Et si les récoltes sarclées facilitent dans cette dernière la destruction des mauvaises herbes, il n'en est pas du tout de même avec l'autre. Si une terre dont le sous-sol est mauvais, est en outre tenace et non ameublie par la culture, si, labourée à l'automne, elle se retourne seulement en longues tranches, et que labourée en printemps elle durcisse, si enfin la froideur naturelle ne permet aux mauvaises herbes qu'une germination tardive, que servira pour nettoyer un tel sol, de l'exposer pendant l'hiver aux influences de l'air ? S'il est sali de mauvaises herbes et surtout de plantes à racines vivaces, il n'y a que les labours d'été et les rayons brûlans du soleil qui puissent

---

* Les Allemands comprennent sous le nom général de *trèfles*, outre les trèfles rouge et blanc, la lupuline, la luzerne et le sainfoin.

Note des Traducteurs.

l'en purger. Cependant ici même, il ne faut pas faire abus de la jachère ; il ne faut pas qu'un misérable système de culture la fasse revenir tous les trois ans. La jachère ne doit pas bannir entièrement les récoltes piochées, elle doit seulement préparer, faciliter leur culture, et compléter ce qu'elles ne peuvent faire seules dans un sol de cette nature.

Personne je crois, pour de telles circonstances ne condamnera un cours semblable à l'un des suivans, ni parconséquent la jachère : 1°, *Jachère complète* ; 2°, *Froment* ou *Epeautre* ; 3°, *Trèfle* ; 4°, *Avoine* ; 5°, *Fèves piochées* ; 6°, *Froment* ; 7°, *Orge*. Ou bien dans un bon sol où la principale culture est celle des grains : 1°, *Jachère* ; 2°, *Froment* ; 3°, *Trèfle* ; 4°, *Colza* ; 5°, *Froment* ; 6°, *Avoine* ; 7°, *Fèves piochées* ; 8°, *Froment* ; 9°, *Orge*. Dans le premier cours les 1re et les 7e, recoltes, et, dans le second, les 1er et 5e doivent être fumées.

B. *Ameublissement complet du sol.*

On ne peut parvenir par aucun autre moyen aussi bon que par la jachère complète à l'ameublissement d'un sol glaiseux, et je dois prévenir ici, que tout ce que j'ai dit, comme tout ce que j'ai encore à dire de la jachère, s'applique particulièrement aux sols de cette dernière espèce. A la vérité on pourrait, et on devrait toujours, autant que cela est possible, re-tourner avant l'hiver les champs destinés à porter l'année suivante des récoltes sarclées, afin d'exposer la terre à l'action des gelées et de l'air. Mais ce n'est pourtant qu'un demi-travail, et encore ne peut-on pas toujours l'exécuter. La température ou d'autres travaux pressans à la fin de l'automne, s'y opposent souvent, et tous les sols ne permettent pas dans cette saison un labour profond. C'est ce qui aura lieu dans tous les hivers humides.

Avec la jachère, on peut faire plus tard tout ce qu'on n'a pu exécuter avant l'hiver, et il n'est pas encore démontré s'il n'est pas plus avantageux de donner le premier labour de jachère, immédiatement après les semailles de printemps qu'avant l'hiver.

Un sol glaiseux qui ne contient point de chaux, mais beaucoup de sable fin, s'il est profondément labouré avant l'hiver, se réduit en pâte par la pluie ou par la neige. Les vides se remplissent, le champ ne présente plus une surface inégale, l'air et la gelée ne peuvent plus exercer leur influence favorable ; le sol est saturé d'eau, les racines traçantes s'y affermissent, etc... Tous ces inconvéniens n'ont pas lieu avec le labour du printemps, qui n'est donné qu'en un temps sec et le plus sec possible. Divisée en mottes, la terre est brûlée par le soleil, les plantes vivaces sont détruites ; l'air, la lumière, les brouillards et les pluies chaudes pénètrent de tous côtés cette surface raboteuse. La charrue, la herse et le rouleau agissent successivement et à plusieurs reprises. La terre est divisée et pulvérisée, le fumier y est mêlé parfaitement. Que l'on me dise si l'on peut obtenir tous ces résultats par les cultures données aux plantes qui remplacent la jachère ?

C. *Nettoiement du sol.*

Le nettoiement du sol résulte de ce que nous venons de dire, pour ce qui regarde les plantes à racines vivaces.

Pour la destuction des mauvaises herbes provenant de semence, aucune préparation n'égale la jachère. Chaque nouveau labour amène à la surface de nouvelle terre et de nouvelles mauvaises herbes, et à peine commencent-elles à verdir qu'un autre coup de charrue les enterre. Si la nature pouvait être vaincue, elle le serait par la jachère. On obtient bien par d'autres moyens le nettoiement du sol, mais beaucoup moins parfaitement, comme nous aurons à le dire en parlant de la préparation du sol par les récoltes piochées.

D. *Augmentation de fertilité du sol.*

Personne ne doute que les parties d'humus renfermées dans la glaise tenace, se trouvant, par la jachère, exposées au contact de l'air, ne deviennent plus susceptibles d'être pénétrées par les racines des plantes et, par conséquent, plus propres à servir à leur nutrition. Sous ce point de vue, la jachère n'est qu'agent, et n'augmente pas la fertilité du sol par elle même. Quelques personnes ont prétendu borner là son influence, mais elle fait plus, elle enrichit réellement le sol, seulement beaucoup moins celui qui est pauvre et épuisé, que celui qui a encore quelque force. Car la force seule peut produire la force. Sur le sol épuisé, elle n'agit pour ainsi dire que mécaniquement, en l'ameublissant et en détruisant les mauvaises herbes; sur l'autre elle agit encore chimiquement. Si donc la jachère est nécessaire dans le premier cas, dans le second, elle peut être tout à la fois nécessaire et utile.

La nature n'est jamais inactive, elle travaille sans

interruption, et dans nos intérêts, si nous l'aidons dans son travail. Ainsi, pendant les intervalles des cultures de la jachère, elle couvre les champs d'une verdure renouvellée chaque fois que la charrue l'a détruite, et pour la produire, elle met à contribution non seulement la terre, mais aussi l'air, l'eau, la lumière et la chaleur. Le sol reçoit donc par les végétaux qu'enfouit la charrue, non seulement ce qui vient de lui même, mais encore ce qui vient de l'atmosphère, donc il s'enrichit.

Je serais disposé à attribuer encore à la jachère une autre manière d'enrichir le sol, c'est celle qui provient des labours plusieurs fois répétés, qui mettent toutes les parties en contact avec l'air, et les font jouir des influences atmosphériques. Des savans ont avancé qu'une terre est d'autant plus fertile qu'elle a la propriété d'attirer ou d'absorber plus de vapeurs ou exhalaisons atmosphériques. Or, les labours répétés de la jachère mettent la terre à même d'opérer cette absorbtion, plutôt que les labours donnés en une autre saison où l'air contient moins de vapeurs. Mais ce n'est pas seulement par l'humidité qu'elles y apportent que ces vapeurs enrichissent le sol, car, dans ce cas, les années les plus pluvieuses seraient aussi les plus fertiles, il faut qu'elles contiennent encore d'autres principes qu'elles déposent dans le sol. Et si celui-ci n'est pas couvert de plantes en végétation, les racines et les débris qu'il contient, exposés à l'air par la charrue, ne manqueront pas de s'approprier les parties fructifiantes de l'atmosphère.

Nous remarquons en outre, qu'une jetée étroite de terre argileuse, qui après avoir subsisté long-temps est détruite et cultivée, devient plus fertile que le champ voisin qui a fourni la terre pour la former. il faut donc nécessairement que cette fertilité provienne de l'atmosphère qui agissait sur les deux surfaces de cette jetée.

RÉFUTATION DE QUELQUES — UNS DES ARGUMENS CONTRE LA JACHÈRE.

Premier reproche. — Augmentation de travail et par suite de frais.

Nous allons examiner ce reproche que l'on ne devrait pas croire avoir été fait sérieusement.

Une bonne jachère complète exige quatre labours et demi. Je suppose qu'au lieu de cela nous plantions des pommes de terre, et que celles-ci, pour que la comparaison soit égale, reçoivent, en terre argileuse, toutes les cultures convenables. Nous donnons un labour profond avant l'hiver et trois au printemps, dont le dernier pour la plantation des pommes de terre. Puis les cultures entre les lignes avec la houe à cheval et le buttage que nous compterons pour un labour; un autre labour pour arracher les pommes de terre, un autre enfin pour la semaille du grain qui leur succède, en somme sept labours.

Voulons-nous, au lieu de pomme de terre, cultiver des navets, nous donnerons, selon la méthode anglaise, un profond labour avant l'hiver et quatre au printemps suivant. Après les navets, au moins un labour pour l'orge, ordinairement trois, en somme six à huit labours.

Plantons-nous du tabac, il faut nous résoudre à 4 même 5 labours et deux cultures qui équivalent à deux labours, attendu que la dernière doit être donnée à la main. Vient ensuite le labour de semaille pour le froment, en total sept à huit labours. — Que l'on décide à présent de quel côté il y a le plus de travail?

Examinons maintenant l'objection des frais, attendu, dit-on, que la jachère ne rapporte rien, et que les récoltes qui la remplacent rapportent beaucoup.

Je crois que les ennemis de la jachère tombent ici dans trois erreurs. La première c'est qu'ils portent trop haut la valeur des racines et tubercules, que je considère seuls ici comme récoltes jachères; la seconde, c'est qu'ils estiment au même taux les travaux de la jachère et ceux des récoltes qui la remplacent; la troisième, c'est qu'ils ne prennent pas en considération l'économie d'engrais que présente la jachère. Nous allons combattre ces erreurs.

Première erreur. Contre la première, je rappelle qu'à peu d'exceptions près, on ne doit compter aux racines que la valeur qu'elles ont pour l'agriculteur qui les consomme, et non celle qu'on pourrait en retirer, ou qui serait déterminée par les prix courans du marché. Car je suppose qu'on ne veut pas ou boulverser l'exploitation, ou même la ruiner en vendant ces récoltes. Or, comme en les faisant consommer par le bétail, elles ne donnent ordinairement qu'un très-petit profit, et qu'ainsi on ne peut les compter qu'à des prix très-bas, leur valeur idéale est déja considérablement diminuée, surtout si, comme cela a lieu si souvent en Allemagne dans les laiteries, le bétail n'offre d'autre profit que le fumier.

Cependant ce produit en fumier serait important et

donnerait à la culture de ces plantes un avantage dé-
cisif sur la jachère complète, si ces plantes elles-
mêmes ne consommaient pas une grande quantité,
je puis dire, sans exagération, la moitié du fumier
qu'elles produisent.

Admettons maintenant que l'amélioration que reçoit le sol de la jachère équivaut seulement au huitième d'une fumure ordinaire; déduisons du fumier
la paille et le fourrage sec consommés nécessairement
par le bétail, ne tenant ainsi compte que des déjections produites par les racines seules, enfin retran-
chons-en la moitié, qu'elles-mêmes absorbent pour
leur culture, et je ne crains pas d'avancer que, sous ce
rapport, elles auront bien peu d'avantage sur la
jachère. Ce peu d'avantage disparaît et se réduit à
moins que rien, si nous comparons les frais de culture de part et d'autre.

Seconde erreur. Je parle toujours des récoltes
jachères piochées, car il n'y a que celles-là qui puissent
être comparées à la jachère complète, sous le rapport
de la préparation du sol , pour les récoltes suivantes.
Nous avons vu que ces récoltes exigent au moins autant
de cultures que la jachère. Nous admettons égalité de
travail, mais nullement de frais. Car la question n'est
pas seulement de savoir combien de temps, mais à
quelle époque les attelages sont occupés. La suppression de la jachère accumule tous les travaux au printemps. Cette époque n'est pas longue, la température
y est défavorable, et souvent pour terminer les travaux, il faudrait un tiers d'attelages de plus que l'on
n'en a. Le travail des attelages a donc, à cette époque,
une valeur plus grande qu'après les semailles terminées.

11

Une grande partie des travaux de la jachère ont lieu à l'époque oisive du commencement de l'été, il serait par conséquent injuste de compter à cette époque les travaux d'attelages au même taux qu'au printemps ou à l'automne.

Sans la jachère, il faudra entretenir dans une grande exploitation, deux, quatre et jusqu'à six chevaux de plus, sans qu'en somme il y ait plus d'ouvrage fait. L'égale répartition des travaux que procure la jachère, est un bien grand avantage que l'on n'a pas cherché à apprécier.

Il est donc de fait que les travaux d'attelages de la jachère complète coûtent moins que ceux des récoltes jachères. Quant aux travaux exécutés à la main pour ces derniers, leur prix élevé ne permet pas d'y penser.

Troisième erreur. Ceux qui n'admettent pas que la jachère améliore le sol, sont disposés à nier qu'elle procure économie d'engrais ; mais quand bien même on leur accorderait la première proposition, il faudrait cependant qu'ils reconnussent la vérité de la seconde.

Le travail complet du sol qui divise et expose aux influences atmosphériques le vieil humus qu'il contient, rend déjà la chose sensible. Mais quelle que soit la cause, l'expérience a constaté qu'il faut, pour fumer une jachère, un quart moins de fumier, que si la terre a été occupée par la récolte la moins épuisante, à moins que celle-ci n'ait été enterrée, ou n'ait laissé dans le sol des débris considérables.

Second reproche. — *Perte du produit d'une année.*

Si nous pouvions en n'épargnant ni le travail, ni l'engrais, faire succéder continuellement sur le même champ des récoltes destinées à la vente, du grain par exemple, comme cela a lieu dans quelques pays où l'industrie est portée au plus haut point, le vide d'une année de jachère serait certainement une perte réelle. Mais alors il faudrait, presqu'avec autant de raison, considérer comme perte la récolte de racines qui remplace la jachère et qui est uniquement destinée à produire du fumier. Comme il n'y a que très-peu de cas où il soit possible de produire, sans interruption, des récoltes destinées à la vente, et que les terres de sable se prêtent seules à cette culture, il faut bien nécessairement alterner les récoltes de grains avec d'autres récoltes, ou recourir à la jachère. Calculons à présent que le profit net donné par les racines qui servent à la nourriture du bétail, n'est pas aussi grand qu'on se l'imagine ordinairement; calculons que les cultures de la jachère sont moins coûteuses que celles des récoltes piochées, que les travaux d'attelages sont mieux répartis, que les semailles se font mieux, que la jachère est la meilleure préparation possible pour toutes les récoltes, qu'elle laisse le sol parfaitement nettoyé et ameubli, ce qui a une influence favorable sur toute la rotation; qu'elle enrichit un peu le sol, qu'elle économise l'engrais, qui a autant de valeur que de l'argent comptant, que la récolte de grains qui suit immédiatement est plus riche, souvent beaucoup plus riche que celle qui succède à des racines piochées, et nous aurons peu à regretter la perte d'une année sacrifiée à la jachère, d'autant moins que cette année de toute autre manière ne serait pas non plus sans perte.

Troisième reproche. — Evaporation.

Il n'y a aucune préparation de la terre qui ne soit accompagnée de quelque perte ; soit que nous labourions, ou que nous hersions, que les champs reçoivent des binages ou des labours de jachère, que le fumier soit enfoui ou reste dans la fosse. Mais je ne vois pas du tout que, par la jachère, il s'évapore plus d'engrais que par les binages et labours qu'exigent les récoltes piochées, je serais bien plus disposé à croire le contraire. Cependant, qu'il en soit ainsi, si on le veut absolument; mais, comme malgré cela le sol se trouve, après la jachère, en meilleure état qu'auparavant, l'évaporation se trouve compensée, et ce n'est plus qu'une avance qu'on a faite, pour la retrouver avec intérêt.

Le troisième reproche fait à la jachère s'anéantit donc comme les deux premiers.

Après avoir considéré la jachère comme préparation, il nous reste encore à examiner quelles récoltes on peut lui faire succéder, et nous trouvons qu'elle est propre à toutes. Car laquelle ne prospérerait pas dans un sol aussi bien préparé? Cependant on aurait grand tort de vouloir ôter cette première place aux grains d'hiver, d'autant que le champ est prêt à l'automne pour les semailles, aussitôt que l'on veut, ce qui n'a pas lieu après les récoltes jachères, et c'est encore un avantage de la jachère complète que j'avais oublié précédemment de faire valoir.

B. *Préparation du sol par les récoltes sarclées.*

Ce n'est pas seulement par les cultures données à certaines plantes pendant la durée de leur végétation, mais aussi par la bonne préparation du sol avant la

semaille ou la transplantation , que la terre est ameublie et nettoyée d'une manière qui profite encore aux
récoltes suivantes, quoique les bons effets qui en ré-
sultent, ne puissent être comparés à ceux d'une jachère
complète. J'ai établi plus haut la comparaison sous le
rapport de l'ameublissement , il me reste encore ici
quelque chose à dire sur le nettoiement du sol par les
binages.

Il est connu que la pioche ne sert et ne doit servir
qu'à une culture superficielle d'un champ déjà ensemencé. Par un temps favorable , elle détruit les
semences des mauvaises herbes qui ont germé , et si ,
en remuant le sol , elle en fait développer de nouvelles ,
celles-ci ne résistent pas à un second binage ou à un
buttage. S'il en naît encore d'autres , elles sont étouffées par la récolte qui a déjà pris une avance considérable. Ainsi la superficie du champ est nettoyée , mais
seulement la superficie à une profondeur d'environ deux
pieds , et toutes les semences qui se trouvent plus profondément restent intactes , pour se développer lorsqu'une des récoltes subséquentes les ramènera à la
lumière. Le but de la destruction des mauvaises herbes
n'est donc atteint qu'à moitié. Je me suis convaincu
de cette vérité chez un peuple qui n'a point de jachère
complète , mais qui a porté les binages à un grand
point de perfection. Quoique chez lui les champs
soient régulièrement binés tous les trois ans , pour
tabac , fèves , maïs et pommes de terre et en outre
pour une récolte dérobée de navets , et remués ainsi
deux fois , en trois ans , ou plutôt quatre fois , puisque
les binages sont toujours répétés ; cependant la rave
sauvage se propage tellement dans les grains d'été , que

souvent elle étoufferait tout-à-fait l'orge, si, de temps à autre, on ne faisait suivre immédiatement, en deux années, deux récoltes binées.

Cela n'empêche pas que, par toutes les cultures qu'elles exigent, les récoltes sarclées ne soient un vrai bienfait pour la terre et pour les récoltes qui leur succèdent, en supposant qu'elles sont choisies avec discernement, circonstance dont nous allons nous occuper.

Garance, fèves, maïs, tabac, navets, betteraves, pommes de terre, topinambours et *choux*, telles sont les plantes qu'on cultive le plus communément comme récoltes binées : moins souvent le *colza*, qui seul, laissant la terre libre de très-bonne heure, est, par cette raison, une excellente préparation pour tous les grains d'hiver. S'il est biné, il l'emporte même sur la jachère. Il est favorable à toutes les récoltes qui lui succèdent et ne préjudicie à aucune, par cette raison on aurait tort de lui faire succéder autre chose que du grain d'hiver.

Après lui vient le *tabac :* si la récolte est tardive, cet inconvénient est compensé par les cultures soignées qu'il exige. En terre forte le *froment*, en terre légère le *seigle*, sont les grains qu'on lui fait succéder.

Le défoncement et le complet ameublissement du sol opérés par la récolte de la *garance*, laquelle ne peut avoir lieu que par le beau temps, permettent de lui faire succéder du grain d'hiver. Je suis disposé à croire que l'orge d'hiver conviendrait très-bien, mais je n'en ai pas encore fait l'expérience. Après la garance le *chanvre* fumé réussit parfaitement, et ensuite du *froment* ou du *seigle*, dans lesquels on sème du *trèfle*.

Après ce chanvre , le *lin* viendrait aussi certainement très-bien.

En terre forte les *fèves* , pourvu qu'elles ne murissent pas trop tard, sont une bonne préparation au *froment*, ce qui est dû sans doute à leurs fortes racines pivotantes.

Si l'automne est humide , on fera mieux , autant que les circonstances le permettront , de leur faire succéder de l'*oage d'été* , dans laquelle j'ai l'expérience qu'on ne doit pas semer de trèfle.

Les *navets* et les *betteraves* sont de mauvais antécédens pour les grains d'hiver. Ils occupent la terre trop tard, et leur récolte durcit et pétrit un sol déjà compact de sa nature. Par la raison contraire, l'*orge* et l'*avoine* leur succèdent avantageusement.

Il en est autrement des *pommes de terre*, l'ombre dont elles couvrent le sol le maintient meuble , jusqu'à la récolte, et leur arrachage ne pouvant avoir lieu qu'en temps sec , les voitures qui les enlèvent ne peuvent nuire à la terre. En outre la pomme de terre a l'étonnante propriété de soulever et de diviser la terre par la formation de ses nombreux tubercules ; ainsi elle l'ameublit même au-dessous de la superficie, tandis que les navets , les betteraves , les carottes , pressent et durcissent la terre autour d'eux pour se faire de la place.

C'est la nature du sol qui décide si l'on doit faire succéder du grain d'hiver aux pommes de terre. Cela peut certainement avoir lieu , si le sol est léger et sablonneux, pourtant le *froment* réussit mieux que le *seigle*.

En terre forte, on peut bien aussi semer du *froment*, mais seulement dans un automne sec. L'automne est-il humide, on ne peut semer que du grain d'été , et qui réussit très-bien. Ceci s'applique à toutes les récoltes jachères et particulièrement au lin.

Par cette raison, des agriculteurs intelligens, qui suivent l'assolement triennal, placent les pommes de terre dans la sole des grains d'été, et leur font succéder une récolte jachère, principalement des fèves ou du tabac. Par là, la terre se trouve amenée au plus haut degré de propreté et d'ameublissement désirable, pour le froment et pour l'orge qui vient après lui. En un mot, les pommes de terre sont d'un tel secours, et si utiles pour la préparation du sol, qu'on devrait par cette seule raison les cultiver successivement sur chacun des champs d'une ferme. Aucune récolte piochée ne leur est comparable à cet égard.

Les *topinambours* occupant la terre jusqu'à la fin d'octobre, quelque fois jusqu'au milieu de l'hiver, il ne peut être question après eux de semaille de grains d'hiver. Ils repoussent aussi, d'une manière qui n'est pas sans inconvénient pour les grains qu'on leur fait succéder. En Alsace, on leur fait suivre des *pommes de terre*, et s'ils repoussent avec elles, ce n'est qu'une augmentation de récolte. Leurs tiges servent aussi de soutiens aux pois et aux fèves que l'on peut semer après eux. Cette année 1827, j'ai semé en lin un arpent dont une moitié avait porté un an, l'autre moitié deux ans des topinambours, la récolte surpassa de beaucoup mes espérances et fut beaucoup plus belle que celle qui dans le champ voisin succédait à un trèfle de deux ans.

Dans les pays chauds, le *maïs* est considéré comme une bonne préparation au *froment*; ailleurs, on en fait sous ce rapport peu de cas. On le sème dans la sole des grains d'été, après lui des *fèves*, et seulement après les fèves du froment, comme je l'ai déjà dit pour les pommes de terre. Je ne saurais attribuer cette diffé-rence qu'à la maturité souvent tardive du maïs dans le nord, ou à ce qu'on ne le fume pas suffisamment.

Les *choux*, malgré les cultures qu'ils exigent, ne peuvent préparer une bonne récolte de froment à cause de leur récolte tardive. L'*orge d'été* réussit d'au-tant mieux après eux, de même qu'après le maïs.

C. *Préparations par les récoltes coupées vertes.*

Les récoltes fourragées en vert, par conséquent coupées avant leur maturité, ne pouvant être binées, ne peuvent contribuer à l'ameublissement du sol que par leurs chaumes, en supposant que la charrue les enterre immédiatement après le fauchage.

Elles sont en revanche d'autant plus convenables, pour détruire toutes les mauvaises herbes non vivaces, et sont, pour ce but, préférables aux récoltes qui ne reçoivent qu'un seul binage.

En outre elles épuisent moins la terre, et la laissent libre plus tôt. Dans ce cas sont particulièrement les *vesces*, les *pois*, le *sarrazin* et la *spergule*.

Les *gramens*, s'ils subsistent plusieurs années, ser-vent à détruire le chiendent. Il n'en est pas de même du *trèfle* qui, s'il n'est pas très-bien réussi, salit plutôt qu'il ne nettoie la terre. Par la raison contraire ses ra-cines ameublissent le sol, et il contribue à le dessécher, s'il est humide.

L'*avoine*, le *froment*, les *pommes de terre* viennent parfaitement après lui. Le *lin* de même ; seulement il ne faut pas espérer qu'il trouve une terre propre. Si même on retourne un trèfle sans l'avoir fauché, la terre après cette opération , excellente d'ailleurs , sera moins propre que si l'on avait enterré verte une autre récolte. La *luzerne* et l'*esparcette* viennent encore après le trèfle , sous le rapport de l'ameublissement et de la propreté. Après les avoir retournées , on peut à la rigueur prendre une récolte de grain , mais il faut absolument qu'à celle-ci succède une récolte piochée , qui est aussi nécessaire pour détruire les rejets de la luzerne.

D. *Préparation par les récoltes venues à maturité et non piochées.*

A cette classe appartiennent le *chanvre* , le *lin* , les *pois* , les *vesces* et les *céréales*.

Ce n'est que par les profonds labours qu'il exige , et peut-être aussi par ses racines pivotantes , que le *chanvre* peut-être utile aux récoltes suivantes. Le *lin* n'ameublit pas autant , à moins qu'on ne le sème dans un gazon retourné , et n'a d'influence favorable que par les sarclages soignés qu'on lui donne.

Les *pois* et les *vesces* ne sont utiles que quand ils sont assez bien garnis pour étouffer les mauvaises herbes , et contribuer un peu à l'ameublissement de la superficie de la terre. Si on ne peut les fumer, on fait mieux de les placer dans la sole des grains d'été. Une mauvaise récolte de pois ou de vesces , laisse la terre sauvage , et en beaucoup plus mauvais état qu'elle n'était.

Une récolte propre de grain d'hiver , n'est nullement un mauvais antécédent à une récolte de grain d'été. L'hiver qui les sépare laisse le temps de préparer les champs. C'est ce qui n'a pas lieu après le chanvre , le

lin et les légumineuses, si, comme c'est l'ordinaire, on
leur fait suivre du grain d'hiver.

De tout ceci il résulte que ces récoltes ne préparent
que médiocrement la terre pour celles qui leur succèdent.

DEUXIÈME SECTION.

SUCCESSION DES PLANTES RELATIVEMENT AUX PRINCIPES NUTRITIFS DONT ELLES ONT BESOIN.

Si, comme cela a lieu généralement en Belgique,
on fume pour toutes les récoltes quelles qu'elles
soient, on doit peu s'inquiéter des principes nutritifs que chacune laisse à celle qui lui succède.
Il est facile de faire quelque chose avec de grands
moyens ; mais atteindre le but avec de faibles moyens,
c'est en cela que consiste la science. Il ne convient
pas qu'une terre forte soit fumée peu et souvent,
elle veut, comme on dit, recevoir son compte en
une fois. Mais comme il y a bien des besoins à sa-
tisfaire, il faut commencer par les plus pressans, en
faisant en sorte que chacun reçoive la portion qui
lui est nécessaire. Ainsi, il ne conviendrait pas que
l'orge fût mieux traitée que l'avoine, le seigle mieux
que le froment, bien que cela ait lieu en quelques
endroits, je ne sais pourquoi.

Aucune plante ne peut se passer entièrement d'engrais, mais comme elles tirent en outre, les unes plus,
les autres moins, une partie de leur nourriture de
l'atmosphère, toutes ne consomment pas, en proportion de leur croissance, la même quantité de l'engrais

qu'on leur donne, et il est très-probable que les principes nutritifs qu'elles s'approprient ne sont pas les mêmes pour chaque plante. Refuse-t-on de m'accorder ce point, du moins est-il vrai que, comparées les unes aux autres, certaines plantes s'approprient plus, les autres moins des principes nutritifs contenus dans le sol. De là il résulte que dans le cas où une plante refusera de venir après elle-même ou après une autre, une troisième pourra très-bien réussir

Ceci est une partie si essentielle de la science des assolemens, que je veux expliquer en peu de mots ma pensée.

S'il était vrai, comme cela me semble hors de doute, que les diverses plantes exigent aussi divers alimens, ainsi que cela a lieu pour les animaux, il en résulterait déjà l'utilité d'une culture alterne, où une plante met à profit ce qu'a dédaigné celle qui l'a précédée. Ne veut-on admettre cette proposition que sous le rapport de la quantité de nourriture, c'est-à-dire, prétend-on que les mêmes principes sont nécessaires à la nourriture de toutes les plantes, mais que les unes en consomment plus, les autres moins, l'utilité et la nécessité d'alterner, n'en restent pas moins incontestables que dans la première supposition.

Supposons, par exemple, que les principes nutritifs tirés du sol par les plantes se réduisent à deux A et B, et que le sol contienne de chacun dix parties, en tout vingt ; supposons en outre que la première récolte consomme de A quatre parties, de B six, en somme dix parties. Il restera bien alors en

quantité la nourriture nécessaire à une plante de
nature analogue ; mais cette plante qui a besoin, pour
sa complète réussite, non seulement de la même
quantité, mais encore des mêmes principes que celle
qui l'a précédée, trouvera bien les quatre parties
de A qui lui sont nécessaires, tandis que six parties
de B étant déjà consommées, il lui en manquera
deux ; il en résulte que sa nourriture se réduira à
huit parties, tandis que la précédente en a eu dix.
Le produit de la deuxième plante doit donc être
d'un cinquième inférieur à celui de la première.
Mais si nous alternons, si nous faisons suivre la première plante par une seconde qui a besoin de six
parties de A et de quatre de B, alors, toutes circonstances égales d'ailleurs, la seconde plante peut
réussir aussi bien que la première. Les faits viennent ici confirmer le raisonnement d'une manière
incontestable.

Que l'on sème ensemble du seigle avec du froment ou de l'épeautre, ou des vesces d'hiver, le
champ donnera un produit plus considérable que
si chacun de ces grains avait été semé seul. Que
l'on plante une seule essence de bois, tremble, par
exemple, et que l'on voie si l'on obtiendra autant
que si l'on eût mêlé tremble et aune, en supposant
que le sol convienne à l'un et à l'autre.

De là il résulte évidemment que ce n'est pas seulement une certaine quantité, mais que ce sont certains principes nutritifs qui sont nécessaires aux plantes.

Il peut encore arriver que la terre soit trop riche
pour certaines plantes et qu'elles y courent le risque
de verser, ou de produire beaucoup de feuilles et

de tiges et peu de grain, comme cela arrive aux céréales et aux légumineuses. Dans ce cas, on sème d'abord d'autres plantes qui, par leurs fortes tiges, ne sont pas exposées à verser, comme le colza, le pavot; ou d'autres dont le produit consiste en racines, tiges ou feuilles, comme les navets, le tabac, le chanvre, les choux. Celles-ci sont alors des récoltes préparatoires qui enlèvent ce qui serait, pour les suivantes, excès de nourriture.

Le plus grand nombre des plantes s'accommode bien d'une fumure fraiche. Celles qui sont dans ce cas commencent bien la rotation, particulièrement les plantes à tiges dures, et aussi les pommes de terre et les grains d'hiver. Les légumineuses, le lin, l'orge viennent mieux en seconde ligne. Celles-ci, l'orge surtout, aiment à trouver dans le sol une nourriture déjà décomposée. L'avoine est souvent placée au dernier rang, parce qu'elle a la propriété de se contenter d'alimens plus grossiers, des débris plus durs des corps organiques, ce qui est le contraire de l'orge. Au reste, placée dans des circonstances favorables, comme sur un trèfle, sur un gazon rompu, l'avoine sait aussi en tirer parti, et produit alors en proportion de la place qu'on lui a donnée.

Ce que je viens de dire suffira pour déterminer, dans la succession de récoltes, la place de chaque plante, relativement à l'engrais dont elle a besoin. J'ajouterai encore l'observation que la vigueur du sol, résultat d'une bonne culture antérieure, ne peut nuire à aucune plante, et ne mettra jamais le cultivateur dans l'embarras. Il doit donc faire tous ses efforts pour mettre ses terres et lui-même dans une position aussi favorable. Tant qu'il ne sera pas parvenu à amasser dans ses champs des richesses cachées, il faut, pour ne rien perdre de ce qu'il possède, qu'il s'astreigne à une sévère économie, dans le choix et dans la succession des plantes qu'il cultive. Il faut que les récoltes se succèdent de telle manière, qu'aucune ne soit dans une abondance superflue, qu'aucune ne manque du nécessaire, et que la seconde récolte mette à profit ce que lui a laissé la première, qui a été avec raison traitée plus favorablement. Nous verrons, dans le quatrième paragraphe de la première partie, comment on peut atteindre ce résultat.

TROISIÈME SECTION.

SUCCESSION DES RÉCOLTES RELATIVEMENT A LA PROPRIÉTÉ QU'ONT LES PLANTES DE POUVOIR, OU DE NE POUVOIR PAS SUCCÉDER A ELLES-MÊMES, OU A D'AUTRES.

C'est un fait incontestable et prouvé par l'expérience, qu'il existe une incompatibilité de certaines plantes avec elles-mêmes, ou avec d'autres, et que de cette incompatibilité, il résulte qu'on ne peut avantageusement les faire suivre, soit immédiatement, soit à des intervalles peu éloignés. L'incompatibilité des plantes avec elles-mêmes est la plus commune et se fait sentir plus long-tems que celle des plantes entre elles. Les effets de cette dernière ne sont ordinairement plus sensibles au bout d'un an, ceux de l'autre peuvent l'être pendant plusieurs années. On dit alors que la plante se hait, ou que les plantes se haïssent pendant un certain nombre d'années.

La nécessité d'alterner les récoltes est une preuve de la vérité de ce que je viens de dire, S'il n'est pas toujours nécessaire , au moins est-il toujours utile d'alterner pour obtenir ou un produit plus élevé , ou une économie d'engrais et de travail. C'est une remarque générale, que les récoltes réussissent bien mieux dans un sol médiocre qui ne les a jamais produites, ou du moins depuis très-long-temps, et que si elles reviennent trop souvent, à des intervalles peu éloignés ou sans interruption , le produit est plus considérable en paille ou en feuilles qu'en grain.

Je sais très-bien que l'antipathie des plantes entre elles peut assez souvent provenir d'autres causes. Car on se tromperait beaucoup si l'on croyait qu'il suffit, pour un bon assolement , de faire succéder les unes aux autres des plantes de nature différente , comme par exemple des plantes à racines pivotantes , à des plantes à racines chevelues. Que l'on cultive sans interruption grain et trèfle , et l'on n'aura plus à la fin qu'un champ de chiendent , et de là vient que l'on dit, dans certains cantons, que le trèfle est la ruine des terres. Si une plante n'exige ou ne reçoit pas d'autre culture que celle qui l'a précédée, on ne gagne rien ou l'on gagne peu à alterner. On peut, au contraire, biner et fumer pour certaines plantes tant qu'on voudra , et tous les frais seront perdus , ou du moins ne produiront que de faibles résultats, tant qu'on ne mettra pas entre elles un certain laps de temps. Cette question est loin d'être résolue par ceux qui prétendent que tout dépend des principes fertilisans contenus dans le sol, car si cela était , on pourrait remédier au mal avec du fumier , ce qui n'a pas lieu pour les plantes incompa-

tibles avec elles-mêmes. Ce sont au contraire précisément des plantes peu avides d'engrais qui se trouvent
dans ce cas, comme le lin, les pois, le trèfle.

Il paraît donc que les plantes tirent de la terre des
principes auxquels l'engrais ne peut suppléer, et que
la nature ne peut reproduire que dans un laps de temps
plus ou moins long. De là vient que certains terrains
font exception : ceci ne se rencontre pourtant que
très-rarement, ou bien ce n'est que pour peu d'années que les mêmes plantes peuvent s'y succéder. Ainsi
j'ai vu des champs où le lin revient tous les deux ans, le
trèfle tous les trois ans : ce qui prouve que ces champs
contenaient une masse de principes qui nous sont encore inconnus, ou avaient une composition tout-à-fait
favorable à ces plantes. La pomme de terre n'est certainement pas une plante antipathique avec elle-même,
et il n'est pas extraordinaire de la voir revenir tous
les ans dans le même champ, chez de petits propriétaires ; j'ai vu cependant un pays où l'on ne peut
les faire revenir tous les trois ans ; il faut une année
favorable pour qu'elle y réussisse dans le même terrain
après ce laps de temps. C'est une preuve de l'influence
du sol que ne peuvent vaincre ni la culture ni l'engrais.
On peut aussi admettre en principe que l'antipathie des
plantes avec elles-mêmes se fait d'autant plus long-
temps sentir que le sol est plus mauvais, ou moins
propre à une sorte de plantes données.

L'antipathie que l'on remarque entre des plantes
d'espèces différentes est bien plus facile à surmonter.
Elle n'est pas tant dans la nature des plantes que dans
les circonstances qui accompagnent leur production,
l'engrais, la culture, un intervalle convenable dans

leur retour, peuvent la faire disparaître. Je ne crois
donc pas qu'une plante soit réellement antipathique
à une autre d'espèce différente, mais seulement qu'elles
nuisent accidentellement à la réussite l'une de l'autre.
Souvent il suffit d'intercaller une autre plante. Ainsi
entre deux récoltes épuisantes, on en place une qui
ménage le sol; entre deux récoltes qui salissent, une
qui nettoie ; entre deux qui occupent long-temps la
terre, une autre dont la végétation est rapide; entre
deux pour lesquelles on ne laboure que superficiellement, une troisème qui exige un labour profond. C'est
ainsi que les récoltes jachères piochées ou une bonne
jachère complette, permettent le retour plus fréquent
du trèfle, détruisent l'influence fâcheuse de l'orge d'été
et du lin; le colza sert d'intermédiaire entre le chanvre
et l'épeautre, les fèves entre le maïs et le froment, etc.

On ne peut pas plus méconnaître la sympathie que
l'antipathie qui existent entre certaines plantes. Il serait important de savoir jusqu'où vont l'une et l'autre;
mais cela devient bien difficile, à cause du grand nombre de circonstances qui exercent aussi leur influence.
Il ne faut donc pas prendre pour règles infaillibles et
applicables partout, les exemples que je vais citer, et
qui sont les résultats de l'expérience de certains endroits, ils faut plutôt s'attendre à rencontrer souvent
dans la pratique bien des contradictions inexplicables.

A. *Plantes qui peuvent se succéder à elles-mêmes.*

A cette classe appartiennent l'*herbe*, le *chanvre*,
le *tabac*, le *topinambour*, le *seigle*, l'*avoine*.

Les prés ne peuvent laisser aucun doute à l'égard des
herbes, toutes y prospèrent ensemble, précoces et

tardives, hautes et basses, annuelles et pérennes. Si quelquefois il en est qui sont étouffées, la cause en est dans le sol, la température, l'âge des plantes, ou dans des circonstances semblables plus favorables aux unes qu'aux autres. Et si l'on veut les détruire, lorsqu'elles sont encore dans leur vigueur, bientôt elles paraissent de nouveau et toutes unies comme auparavant. C'est précisément cette union, par laquelle les unes mettent à profit tel principe et les autres tel autre, qui favorise leur croissance et leur durée, et qui fait qu'au lieu de perdre, elles accumulent les principes vitaux. Il n'en est pas de même si des gramens de même espèce sont semés seuls et occupent seuls la terre. Convenablement espacés dans un champ cultivé, ils trouvent au commencement les aliments qui leur sont nécessaires, mais dans la suite l'espace diminue, et la nourriture devient d'autant plus rare qu'elle est la même pour tous. A moins qu'on ne les soutienne continuellement, ils périssent successivement sans avoir amélioré le sol.

On sait que les essais tentés pour établir de telles prairies artificielles de plantes d'une seule espèce, n'ont pas été heureux. Tandis que les prés d'herbes mêlées, sont très-abondans en produit, très-durables, très-améliorans. Les gramens s'accordent aussi très-bien avec quelques trèfles et lotiers, avec la pimprenelle et d'autres plantes de bonne qualité. Malheureusement aussi avec d'autres de mauvaise qualité.

Quant au *chanvre*, on connait des chenevières où, dans bien des endroits, on le sème tous les ans; preuve que cette plante vit aux dépens du fumier qu'on lui donne aussi tous les ans. La terre semble n'être là que pour recevoir les racines pivotantes qui doivent donner de la solidité aux hautes tiges. Le fumier fait le reste, mais cependant pas le fumier seul, mes expériences prouvent que l'atmosphère et l'eau font aussi beaucoup.

Comme ailleurs on a des chenevières, on a dans le pays de Clèves des champs à *tabac* où il revient tous les ans. On croit que cette culture a pour effet de rendre le tabac moins caustique.

On sait que les *tobinambours* occupent à perpétuité le même champ, et peuvent l'occuper peut-être pendant la durée d'une génération humaine. Je trouve cependant que pour en obtenir de cette manière un bon produit, il faut les replanter et les fumer tous les ans.

Parmi les grains, et peut-être parmi toutes les plantes, c'est le *seigle* qui peut le plus long-temps se succéder à lui même sans interruption et sans que son produit soit aucunement diminué. J'entends ceci d'une terre propre au seigle, c'est-à-dire, très-légère, et qui est fumée tous les ans. Seulement lorsque les mauvaises herbes, et particulièrement le chiendent, prennent le dessus, il peut être nécessaire d'intercaller une seule récolte de sarrazin ou de spergule.

Ceci s'applique en partie également à *l'avoine*; elle veut seulement une terre plus argileuse, et il n'est pas nécessaire de fumer aussi souvent que pour le seigle. Quelquefois on sème de l'avoine trois et quatre années de suite et sans fumer; mais on fait souvent ce qu'on ne devrait pas faire.

En outre, l'avoine s'accommode avec toutes les plantes, quelles qu'elles soient, même avec l'orge d'été, si difficile et si avide d'engrais, et quoique celle-ci ne s'accommode pas avec l'avoine.

Le célèbre cultivateur anglais Ducket, range encore *l'orge d'été* dans cette série. Il a trouvé qu'en labourant une année superficiellement et une année profondément avec fumure suffisante, on peut, dix années de suite, semer de l'orge dans le même champ. Je dois ajouter que ce roi des fermiers prétend pouvoir cultiver ainsi toutes sortes de récoltes, et attribue le succès à sa manière de labourer.

B. *Plantes antipathiques avec elles-mêmes.*

Les *pois*, le *trèfle*, le *lin* et le *froment* sont ici au premier rang. On est d'accord à l'égard de ces quatre plantes, à quelques exceptions près qui ne peuvent faire règle. Les *pommes de terre* et le *colza* ne sont pas non plus exempts de ce reproche.

Les *pois* sont la plante la plus antipathique avec elle-même, au bout de trois ans, leur non-réussite est certaine; au bout de six ans, leur réussite est douteuse, et il y a des endroits où ils ne peuvent revenir avant la neuvième année.

Le succès du *trèfle* n'est assuré que la sixième et mieux, la neuvième ou la douzième année.

Le *lin* ne doit revenir qu'après un intervalle de six années, et comme le trèfle et les pois, il ne vient nulle part mieux que dans une terre qui n'en a jamais porté. D'un autre côté, il ne manque pas d'exemples de terrains où le trèfle revient tous les quatre ans, le lin tous les trois, même tous les deux ans.

Le *froment* est une plante très-antipathique avec elle-même. Il n'y a que très-peu d'endroits où l'on puisse le cultiver deux fois de suite, et on le doit toujours à un sol particulièrement convenable au froment.

Le froment rouge réussit mieux après le froment blanc ; ici il faut bien que l'énigme soit dans la plante même.

On peut bien, avec une fumure abondante, planter plusieurs années de suite des *pommes de terre*, mais elles ne produisent pas en proportion de l'engrais qu'on leur donne, et elles finissent par être attaquées de diverses maladies. Dans le Würtemberg, le chasseur d'un de mes amis planta trente-deux ans de suite des pommes de terre dans le même champ, en fumant tous les ans ; leur produit diminua successivement, tellement qu'à la fin elles n'étaient pas plus grosses que des noix.

J'ai trouvé, près de Wetzlar, qu'elles ne veulent revenir que tous les six ans. La troisième année, elles donnent bien de l'herbe, mais peu de tubercules.

Ces deux exemples prouvent que le fumier et la culture ne font pas tout pour les pommes de terre.

Si le *colza* revient après un court espace de temps, je suppose deux ou trois ans, on assure que son produit est moindre, qu'il donne moins d'huile, et que les fabricans, s'ils le savent, le payent un vingtième de moins.

Nous avons déjà parlé de la sympathie des plantes entr'elles, en détaillant la culture propre à chacune, et nous acheverons de l'expliquer dans la quatrième partie de ce traité.

TROISIÈME PARTIE.

ASSOLEMENS.

Celui-là seul mérite le nom de bon cultivateur qui travaille d'une manière durable, et il n'y a de bon assolement, base d'un système durable, que celui qui rend suffisamment à la terre, en même temps qu'il donne un produit satisfaisant.

Tel est donc le but que le cultivateur ne doit pas perdre un instant de vue: obtenir des produits qui eux-mêmes lui serviront à en créer de nouveaux. C'est ainsi, et seulement ainsi, que la culture forme une chaine sans fin.

Cette règle peut souffrir une exception dans le cas où l'on tire du dehors des moyens d'augmenter la fertilité du sol; mais ces secours étrangers, on ne les a pas pour rien; on les achète avec les produits de la culture, et en définitif, tout provient toujours de la même source, médiatement ou immédiatement. On doit aussi avoir égard à de telles exceptions, car il n'est pas rare qu'elles décident du choix d'un assole-ment, et ce n'est pas sans raison que Morel de Vindé dit : *les circonstances font les assolemens.*

La vérité de ce principe ressortirait encore mieux, si nous pouvions examiner toutes les circonstances qui doivent plus ou moins influer sur les déterminations d'un cultivateur.

Nous allons cependant exposer toutes celles que

nous connaissons, puis nous reviendrons sur la proportion qui doit exister entre les moyens de production
et la consommation.

PREMIÈRE SECTION.

INFLUENCE QUE DOIVENT AVOIR SUR LE CHOIX D'UN
ASSOLEMENT, DIVERSES CIRCONSTANCES NATURELLES OU
ACCIDENTELLES.

Si le sol, le climat, la sympathie et l'antipathie des
plantes etc... méritent toute notre attention dans le
choix d'un assolement, comme circonstances inhé-
rentes à la nature des choses, d'autres circonstances
étrangères et purement accidentelles, doivent aussi
attirer notre attention et, pour ainsi dire, plus que les
premières, parce qu'il est souvent plus facile d'aider
à la nature que de commander au hazard. Des combinaisons infinies de toutes ces circonstances, il résulte
une diversité de manières d'être presqu'aussi grande
que le nombre des exploitations agricoles, et qu'il serait
impossible d'indiquer seulement en partie. Nous nous
bornerons donc à indiquer l'effet des circonstances
les plus importantes.

Voici celles qui exercent la plus grande influence
sur le choix d'un assolement :

1° Etendue de l'exploitation ;

2° Nature du sol ;

3° Etat des terres lors de l'entrée en jouissance ;

4° Eloignement des terres ;

5° Variété de qualités des terres ;

6° Terres arrondies ou morcelées ;

7° Climat;

8° Prairies dépendantes de l'exploitation;

9° Nourriture du bétail à l'étable, ou pâturage;

10° Débouchés et valeur des produits;

11° Secours que l'on peut tirer du dehors;

12° Prix du travail;

13° Caractère moral de la classe ouvrière;

14° Dîmes;

15° Droits et servitudes;

16° Conditions des baux;

17° Circonstances locales particulières;

18° Moyens et intelligence du cultivateur.

§. 1ᵉʳ ÉTENDUE DE L'EXPLOITATION.

Le même assolement conviendra difficilement à une petite et à une grande exploitation. Dans la petite culture, c'est le sol, dans la grande, c'est le travail qui est l'objet important. Dans la première chacun travaille pour son compte, et le temps et le travail sont comptés pour peu; dans la seconde, la division du travail pour atteindre un but commun, procure économie de travail et de temps.

Une culture qui exige beaucoup de main-d'œuvre, convient très-bien à un homme qui fait tout lui-même, avec sa femme et ses enfans, et qui compte pour peu, ou pour rien du tout, l'augmentation du travail. N'ayant à faire pour cela aucun déboursé, il considère toute augmentation de produit comme produit net. Quoiqu'il apporte moins au marché, il produit relativement plus que le cultivateur en grand. Il sarcle, il bine, il travaille avec une ardeur infatigable, parce qu'il travaille pour lui et pour les siens. Chanvre, tabac, lin, garance, racines et blé surtout, sont les produits auxquels il s'attache continuellement. Ainsi que lui-même, ses champs n'ont point de repos. Une culture libre, sans assolement régulier, sera celle qui lui plaira le plus, s'il n'est pas gêné par ses voisins. Mais ceci étant général, par suite de la division des propriétés, le petit cultivateur suit de droit l'assolement qui tend à la plus grande production de céréales.

Il en est autrement dans une grande culture, et encore autrement dans une exploitation d'une très-grande étendue. Ici tout coûte de l'argent, tout travail non productif est une perte réelle pour le cultivateur, qui doit, par conséquent, mettre dans sa dépense la plus grande circonspection. Le produit brut a pour lui peu d'importance, et le produit net en a d'autant plus. Il faut qu'il restreigne ou qu'il abandonne tout-à-fait la culture des plantes qui exigent beaucoup de travail, à moins qu'on ne puisse l'exécuter à l'aide d'instrumens perfectionnés. Chez lui, les attelages doivent tout faire, comme les bras des hommes font tout chez le petit cultivateur. Son mode d'exploitation doit être aussi simple qu'invariable. Il ne doit pas songer à travailler sans un assolement régulier, à moins qu'il n'ait assez de tête pour voir et diriger jusqu'aux plus petits détails, et assez de courage pour se charger du fardeau d'une administration minutieuse et compliquée.

Pour une tout-à-fait grande exploitation, le choix d'un système de culture est encore plus borné. Le cultivateur, à moins qu'il n'ait des corvéables à sa disposition, ne peut alors être pour ainsi dire que pasteur.

A l'exception du colza , les produits destinés uniquement à la vente ne sont pas du tout son affaire. La nourriture à l'étable , beaucoup de récoles piochées , ne lui sont d'aucun avantage. La jachère complète dans un sol un peu fort lui sera indispensable , s'il ne peut mettre ses terres en pàturage.

§ 2. NATURE DU SOL.

On ne cultive pas un mauvais sol comme un bon. Dans le dernier avec peu, on obtient beaucoup, dans le premier, ce n'est qu'avec de fortes avances qu'on obtient des produits considérables. On ne doit donc demander ni trop au premier, ni trop peu au dernier, à moins qu'on ne vienne au secours de l'un par une industrie extraordinaire, ou qu'on ne veuille ménager l'autre comme un cheval de parade. S'il est souvent préjudiciable et toujours peu avantageux de trop exiger d'un sol faible par des récoltes épuisantes, les ménagemens, pour un bon sol, sont abusifs et ne sont que ridicules, s'ils sont portés à l'excès, comme cela a souvent lieu dans la culture alterne. Qu'on demande hardiment beaucoup à la terre qui est en état de produire beaucoup, ou à laquelle on rend beaucoup ; c'est pour cela qu'elle est là , et c'est pour cela qu'on la cultive. Seulement qu'on se garde de l'épuiser, ce qui est très-préjudiciable pour tous les terrains et surtout pour les terrains glaiseux.

On a indiqué et employé pour les sols légers, sablonneux, meubles, secs, faciles à travailler, beaucoup plus de moyens d'amélioration que l'on n'en a employé et que l'on ne pouvait en employer pour les terres fortes, tenaces, humides, compactes, difficiles à cultiver. Mais on aurait tort de vouloir appliquer à tout autre sol la culture qui convient à un sol léger ; on aurait tort, par exemple, de vouloir bannir de l'un, comme de l'autre, la jachère complète ; on aurait tort de tout sacrifier aux récoltes piochées et de les recommander comme partie essentielle d'une bonne culture. Dans une terre légère, on peut faire ce qu'on veut, dans une terre forte, on fait ce qu'on peut ; souvent dans l'une tout le contraire de ce qu'on fait dans l'autre, de même que, par la composition, l'une est opposée à l'autre.

Dans les terres fortes, une récolte dérobée, navets ou pommes de terre, ne peut avoir lieu qu'en petit. Les fèves y sont convenables, mais que de risques n'y court-on pas dans leur culture en ligne, si un été pluvieux rend impossible l'emploi de la houe à cheval ? Il vaut mieux alors semer épais avec un mélange de pois, afin de pouvoir se passer de binages, si la saison est défavorable.

Les avantages qu'offre dans le choix d'un assolement une terre forte, mais meuble et calcaire, sont presque incalculables. Un sol que l'on peut cultiver par tous les temps, dont les mottes se fondent convenablement un peu après le labour, qui permet les semailles hâtives et tardives, est susceptible de bien des choses que l'on n'ose hasarder avec tout autre. Quelle différence avec une glaise compacte et tenace qui est tantôt trop humide, tantôt trop sèche, où il faut saisir le moment précis de la cultiver ! Scarificateurs, extirpateurs et tous autres instrumens nouveaux, plus ou moins utiles, doivent ici disparaître et céder la place à la jachère tant décriée. Comme on ne peut y cultiver les racines, que le trèfle y réussit difficilement, que le choix des plantes à cultiver y est par conséquent très-restreint, et que les labours y sont difficiles et coûteux, il n'y a rien de mieux à faire que de la mettre de temps à autre en herbe et de l'utiliser avec des moutons, dont le fumier convient si bien à ces sortes de terres froides. Ce n'est aussi, pour ainsi dire, qu'à l'aide des moutons que l'on peut complètement gazonner un tel sol. Le trèfle blanc rend pour cela de grands services. On sème l'herbe à l'automne ou au printemps et très-épais, trois fois en mesure autant que de froment. Une terre de cette nature, mise en pâturage, rendra autant et souvent plus de produit net que si elle est cultivée. Il n'y a là ni labours, ni semences, ni frais de moisson, etc. La terre s'enrichit sans frais et sans peine ; si le produit n'est pas considérable, au moins est-il net, et cela vaut, au temps où nous vivons, plus que jamais.

§ 3. ÉTAT DES TERRES LORS DE L'ENTRÉE EN JOUISSANCE.

Le plus excellent sol peut être négligé, peut avoir été détérioré par une mauvaise culture. Par sa composition naturelle, il serait susceptible de supporter un assolement rigoureux, mais il est appauvri, ou infesté de mauvaises herbes, ou gâté par le séjour des eaux, etc... Un champ médiocre peut aussi avoir souffert de cette manière, et un mauvais être devenu encore plus mauvais par la manière dont on l'a traité. Ces maux ne sont pas sans remède, mais pour les faire disparaître, il faut que celui qui entreprend la culture soit pourvu de plus de moyens et d'activité que son prédécesseur. Cependant ils existent, et il faut beaucoup de prudence pour ne pas, en débutant, trop compter sur les qualités naturelles de la terre, comme on chargerait un cheval bon, mais fatigué, d'un fardeau plus lourd qu'il n'est en état de le porter. Si le cultivateur se fixe dans le choix d'un assolement convenable, il n'est pas encore temps qu'il le mette en pratique, il doit seulement préparer successivement son introduction. Ainsi pour un sol appauvri, il ne faut pas seulement de la paille, du fourrage est aussi nécessaire, et pour nettoyer celui qu'infestent les mauvaises herbes, il faut la jachère ou les récoltes piochées. Les bases étant ainsi posées, il devient facile de mettre les plans à exécution. Je pourrais, à l'appui de ce que je viens de dire, citer ma propre expérience, je dirai seulement que si, entrant en jouissance de terres appauvries et empoisonnées de mauvaises herbes, deux maux qui se donnent ordinairement la main, j'avais mis la première année une moitié, et la deuxième année l'autre moitié de ma ferme en jachère complète, ma culture eût été bientôt en bon état, tandis qu'elle a langui pendant six années consécutives.

Si les terres sont infestées de certaines mauvaises herbes, telles que la rave sauvage, la folle avoine, le chrysanthème, cette circonstance doit être prise en considération au moins pour un cours de récolte. Exclure autant que possible les grains d'été, cultiver deux fois de suite des récoltes piochées, semer du sarrazin, des plantes fauchées vertes, tels sont les moyens de remédier au mal.

S'agit-il de mauvaises herbes à racines vivaces, il faut pour les détruire recourir à la jachère ou au pâturage, renoncer aux grains d'hiver et les remplacer par des grains d'été.

Il peut arriver au contraire qu'un cultivateur avide, ou manquant soit de moyens soit de prudence, et qui succède à un autre qui possédait ces dernières qualités, se laisse facilement aller à prendre la prospérité momentanée des terres pour leur état naturel, élève un vaste édifice sur des fondations fragiles, et sans assurer leur conservation, adopte une culture qui ne lui fournira pas les moyens d'entretenir son affaire dans le bon état où il l'a trouvée. Administrer ainsi, c'est travailler pour le moment présent et sans prévoyance de l'avenir. Il ne manque pas d'exemples de ces hommes irréfléchis, auxquels il ne reste bientôt plus que le regret des fautes qui ont amené leur ruine. Que celui qui a le bonheur de succéder à un bon économe, ménage un héritage précieux, et qu'il adopte un sage assolement, qui ne demandant pas à la terre plus qu'il ne lui rend, assure pour l'avenir une prospérité durable.

La pire situation est celle d'un homme qui entreprend la culture de terres non-seulement épuisées, mais encore de mauvaise qualité. C'est pour celui qui commence avec rien que le premier écu est le plus difficile à gagner; il en est de même pour celui qui est dans la nécessité d'améliorer un tel sol par lui-même. Certainement les plantes fourragères fournissent ici les principaux moyens d'amélioration, mais elles viendront d'abord mal dans un tel sol, et venant mal, elles lui enlèveront plus qu'elles ne sont en état de lui rendre, par le peu de fumier qu'elles serviront à produire. On ne peut donc avoir confiance en un secours aussi incertain, et qui ne peut être de quelque valeur que par une année très-favorable. Que fera donc le cultivateur dans cette fâcheuse position? Si sa terre est glaiseuse, il doit recourir à la jachère complète; est-elle favorable à la production de l'herbe, il doit la mettre en pâturage; est-elle légère, qu'il sème du seigle, c'est-à-dire qu'il travaille à obtenir de la paille. En outre il doit choisir les meilleurs champs, et pendant long-temps les consacrer uniquement à produire du fourrage. Il se passera certainement quelques années sans revenu, mais s'il parvient ainsi à gagner son premier écu, les autres par la suite ne lui manqueront pas.

Dans aucun cas, il ne faut se laisser séduire par un système de culture, qui, offrant une grande masse de fourrage, fait espérer une prompte amélioration. En vain les calculs promettent beaucoup de fourrage et de paille, il faut d'abord que la terre les produise, et la question est de savoir si elle le peut. Mettez donc des bornes aux grands projets et aux grandes espérances, ne cherchez pas à voler avant d'avoir des ailes. C'est par la patience que vous parviendrez à établir les fondations les plus solides. S'il est l'objet des railleries, le sage s'enveloppe dans son manteau. Un petit revers n'est pas un grand mal, il ne sert qu'à rendre plus circonspect.

En général, que celui qui commence une exploitation, prenne pour règle les principes suivans:

« Qu'il prenne la terre, telle qu'il la trouve, sous
» le rapport de sa nature et de sa vigueur; qu'il dé-
» termine en conséquence son assolement, et que

» seulement apres avoir amélioré pendant un plus ou
» moins grand nombre d'années, et pas avant, il
» adopte un système de culture plus parfait. »

§ 4. ÉLOIGNEMENT DES TERRES.

Il est difficile de n'avoir qu'un seul assolement
pour une grande exploitation. L'éloignement et le site
des terres ont autant d'influence sur leur culture que
la nature du sol. Seulement cette culture doit être
telle qu'une partie ne s'améliore pas aux dépens de
l'autre. Si, par exemple, les champs voisins de la ferme
produisent du fourrage , les autres doivent produire de
la paille et du grain ; ou , si les champs éloignés sont
en pâturages , les plus proches fournissent la paille , les
grains et les produits destinés uniquement à la vente.

Si la partie qu'on a près de soi est cultivée sans interruption , les autres ont d'autant plus de repos , et
par là l'ouvrage est d'autant mieux réparti. Les champs
les plus proches doivent fournir le fourrage vert pour
la consommation à l'étable , les plus éloignés doivent
donner du fourrage sec , etc.

C'est à nous de nous plier aux circonstances que
nous ne pouvons changer, et si, comme dans le cas
qui nous occupe , elles commandent une diversité
d'assolemens , il en résulte sûreté dans la marche et
plutôt économie qu'augmentation de travail. Un desir
mal-entendu de tout égaliser et centraliser , a fait plus
de mal que de bien dans le monde. L'harmonie des
choses ne dépend pas de leur similitude , elle est le
résultat de leur union et de leur concordance. Obtenir cette concordance est l'œuvre du génie agricole ,

vouloir tout fondre dans le même moule est le fait d'un bureaucrate machinal.

§ 5. Variété de qualités des terres.

Ce qui a été dit dans le paragraphe précédent trouve ici en partie son application. Un sol riche exige moins d'engrais, et il en produit cependant plus qu'un sol pauvre. Par conséquent il ne convient pas de cultiver dans le premier autant de plantes fourragères que dans le dernier.

A-t-on les deux qualités de sol dans une même exploitation, le fourrage produit par le sol riche et dont il excède les besoins, servira à améliorer les mauvaises terres et contribuera par conséquent à la prospérité de toute la machine. On peut cependant commettre ici une erreur en accordant trop aux mauvaises terres. Si les bonnes n'en souffrent pas, du moins elles ne donnent pas une rente assez forte, par la grande quantité de fourrage qu'elles produisent au profit des autres. Il pourrait alors très-bien se faire que si ces bonnes terres étaient cultivées seules, elles donneraient un produit net, aussi et même plus considérable que celui que donne aujourd'hui le tout, et l'on aurait ainsi seulement augmenté son travail en pure perte.

Si, dans les Pays-Bas, nous voyons le belge chercher, par la perfection de la culture, à mettre les mauvaises terres au rang des bonnes, ses efforts sont, pour sa petite culture, louables et bien calculés, tandis que dans une grande exploitation ceci ne peut avoir lieu qu'avec perte, ou au moyen de secours extérieurs. Cependant si le mal n'est pas dans la composition du sol, mais dans des circonstances accidentelles que l'on peut faire disparaître, il serait coupable de n'y pas travailler, même dans une grande culture. Il le serait encore plus, si un bon champ contient des endroits défectueux, ou si quelques portions, long-temps négligées et que l'on ne peut soumettre à un assolement particulier, se trouvent comprises dans une grande sole. On fait alors successivement ce que l'on peut pour mettre le tout de niveau. Mais la chose ne va pas toujours aussi vîte qu'on pourrait le croire, surtout dans une terre glaiseuse, et, si ces portions ruinées ont quelqu'étendue, on fera mieux de leur donner un assolement particulier. Ceci ne peut-il avoir lieu, il faut abaisser le meilleur au niveau du mauvais, et non pas vouloir traiter le mauvais comme le bon. Si l'on a de grandes pièces qui diffèrent essentiellement par la composition du sol, on ne doit, qu'avec la plus grande circonspection, se déterminer à les soumettre au même traitement, et on peut, en le faisant, se causer beaucoup de tort, si l'on n'a pas de la marne à sa disposition.

§ 6. TERRES MORCELÉES OU ARRONDIES.

Lorsque les champs d'une ferme sont divisés et mêlés avec ceux de toute une commune, on ne peut guères penser à s'écarter de l'assolement général. Si même on aboutit par une extrémité à un chemin, il faut qu'à l'autre extrémité le voisin tourne sur notre propriété, ou bien nous sur la sienne. Tantôt nous sommes obligés de laisser passage à ses voitures chargées de récoltes ou de fumier, tantôt nous-mêmes enfermés de toutes parts, nous sommes forcés de traverser ses champs

ensemencés. Il se présente encore bien d'autres inconvéniens semblables. Nous sommes donc forcés de
faire comme les voisins et de suivre avec eux l'assolement triennal ou l'assolement alterne. Lorsque j'en
viendrai aux exemples d'assolemens, contenus dans la
quatrième partie, j'appellerai l'attention du lecteur sur
quelques ressources dont on peut s'aider en pareille
circonstance.

§ 7. NATURE DU CLIMAT.

De même qu'il influe sur les plantes, de même aussi
le climat doit être pris en grande considération dans
le choix d'un assolement.

« Quelle différence, dit Koppe*, la courte ou
» longue durée de l'été, met dans la préparation de
» la terre! Avec un été court, à peine a-t-on le temps
» de mettre en terre la charrue, et il faut se hâter
» pour terminer les travaux urgens, comme ceux des
» semailles d'hiver. Les grains viennent tard à ma-
» turité, et la moisson et les semailles arrivent en même
» temps, de sorte qu'une jachère complète est presque
» d'absolue nécessité pour pouvoir préparer convena-
» blement la terre. Dans des contrées plus méridio-
» nales, où l'on peut labourer en février, du moins
» toujours en mars, où l'on sème les grains d'hiver en

---

* Cet estimable auteur ne m'accusera pas de larcin si je transcris
ce passage sur l'influence du climat. Je ne saurais d'abord rien dire de
mieux, et je crois rendre service à mes lecteurs, en attirant leur attention sur son excellent écrit.

Révision der ackerbau-systeme. — Revue des systèmes d'agriculture.

Note de l'auteur.

» octobre; le cultivateur a bien plus de temps pour
» la préparation de ses champs. Ici les cultures du
» printemps et de l'automne peuvent bien mieux
» remplacer la jachère d'été, les récoltes du foin,
» des grains et des plantes fourragères, ne se pres-
» sent pas l'une sur l'autre comme dans le nord, et
» l'on peut, avec moins de bras, exécuter de plus
» grands travaux, comme l'on peut, sans inconvé-
» nient, prendre des récoltes jachères et des récoltes
» dérobées. »

Une autre circonstance très-importante, c'est la
quantité moyenne de pluie qui tombe dans une contrée.
De là, dans quelques endroits, une si belle végétation
d'herbe, de si beaux trèfles, tandis qu'ailleurs, même
dans un sol convenable, il est rare de les rencontrer,
s'il n'a pas beaucoup plu en mai et en juin. Sans l'humidité de leur climat, il faudrait bien que les anglais
renonçassent à leurs turneps, à leurs champs en pâturages, à leur trèfle et à leur froment dans les sables
de Norfolk, comme les habitans des montagnes de
l'Allemagne seraient forcés de renoncer au système de
culture d'Egart (système où les terres sont périodique-
ment mises en pâturages d'herbe).

Ici le fourrage croit naturellement, tandis qu'ailleurs on n'en obtient par la culture que de pauvres
récoltes.

Je n'ai pas besoin de dire quelle influence de telles
circonstances doivent avoir sur le choix d'un assolement, et combien elles doivent être prises en sérieuse
considération. Si le climat des belges ne leur permettait
pas de labourer et de semer jusqu'en hiver, ils n'auraient jamais renoncé aux grains d'été, ni pu semer
deux fois de suite des grains d'hiver.

§ 8. PRÉS DÉPENDANT DE L'EXPLOITATION.

Un cultivateur, celui surtout qui commence une exploitation, ne peut trouver de plus puissans secours que dans une grande étendue de bons prés naturels. Ils mettent en quelque sorte l'exploitation à l'abri du besoin, et permettent bien des choses que l'on ne pourrait sans eux. Avec eux on pratique avantageusement l'assolement triennal, *si toutefois le sol ne peut être employé plus utilement qu'en les laissant en herbe.* Nous examinerons tout-à-l'heur cette question. Au moyen des prés, on peut diminuer la culture toujours coûteuse des racines, et les champs n'ayant ainsi que peu à fournir au bétail, peuvent donner d'autant plus de produits destinés immédiatement aux hommes. Il ne faut cependant pas perdre de vue que pour produire la même quantité de denrées consommées par les hommes, cette culture triennale, par la réunion des terres et des prés, a besoin d'une beaucoup plus grande étendue de terrain que la culture alterne n'en employe avec très-peu de prairies. Cette dernière ayant à la vérité des frais considérables, la question de savoir de quel côté est le plus grand avantage, se trouvera résolue par la comparaison de la valeur du terrain au prix du travail. Ce que je viens de dire ne doit s'entendre que de bons prés. Sont-ils tels qu'ils aient besoin d'engrais et même de beaucoup d'engrais, alors une grande partie des avantages disparaît au préjudice des champs, et la position d'une telle agriculture est pire que si, avec peu de prés, elle était forcée de réduire la culture des grains, et de faire produire aux terres , par le moyen de l'assolement alterne , la plus grande partie du fourrage dont elle a besoin. De même si les prés sont secs, par conséquent propres à la culture des grains , et d'un faible produit en herbe , soumis à la charrue et à l'assolement alterne, ils rendront plus qu'en nature de prés , avec l'assolement triennal. Ce n'est donc pas par l'effet du hasard , ou par défaut de combinaisons, que dans de pareilles circonstances on fait très-peu de cas des prés , dans des provinces où l'industrie agricole est parvenue au plus haut point de perfection ; et l'on ne se trompe pas en prenant le prix relativement élevé des prés , pour une marque presque infaillible de l'état arriéré de l'agriculture d'un pays. Là où l'on sait apprécier la production des plantes fourragères , et où elle est liée à un assolement bien calculé , on ne conserve de prés naturels que ceux dont le sol n'est propre à aucun autre usage , ou qui sont susceptibles d'être arrosés, ou qui sont d'une richesse extraordinaire. C'est ainsi qu'en Norfolk on est tellement convaincu de la vérité de ces principes, qu'il y a peut-être excès dans le peu de cas que l'on fait des prés. Les cultivateurs de ce pays trouvent une si grande différence entre le produit que leur activité et leur intelligence savent , au moyen de la charrue , tirer d'un champ , et celui qu'il donne étant en pré, qu'ils ne considèrent pas ce dernier comme méritant leurs soins. La même opinion existe dans les Pays-Bas , le Palatinat , etc...... Cependant pour ne donner lieu, ni à mal-entendu , ni à erreur, je crois nécessaire de m'expliquer sur les circonstances où ces principes sont applicables relativement au sol. Je prendrai pour guide A. Joung , qui, plus que tout autre , s'est occupé de cette question , et était à même de bien l'observer chez ses compatriotes.

Il y a , mais par exception , des sables si fertiles , qu'ils peuvent donner des prés durables et de bonne qualité. Dans la règle , c'est en le labourant que l'on peut tirer du sable le plus haut produit. Sa culture facile , et la diminution de frais qui en résulte , l'avantage de pouvoir le travailler dans tous les temps , même en hiver , font que les fermiers y font ordinairement bien leurs affaires. Avec un assolement bien choisi , les terres de sable produisent seules peut-être plus que si des prés y étaient joints , et les fourrages artificiels suffisant à l'entretien du bétail , le sol amélioré par la culture alterne , finit , après un certain nombre d'années , par devenir propre à la culture des grains. Long-temps , ce principe a été combattu par les écrivains agricoles , ils s'opposaient opiniâtrement à ce que les pâturages , sur des terres de sable , fussent rompus , mais le bon sens des cultivateurs l'a emporté à leur grand avantage.

« Dans l'espace de 70 ans , dit A. Joung , toute
» la partie occidentale de Norfolk qui était en pâture
» de moutons , a été changée en bonnes terres à
» grains. Long-temps encore les fermiers qui avaient
» rompu la plus grande partie de leurs pâturages
» avaient conservé l'opinion qu'il fallait , sur chaque
» ferme , en laisser une portion dans leur ancien état ;
» mais ils revinrent successivement de cette idée , et
» apprirent à connaître de mieux en mieux leurs inté-
» rêts. D'année en année ils diminuèrent l'étendue
» des pâturages qu'ils avaient encore réservés aux bêtes
» à laine , au point que l'on trouve aujourd'hui des

» fermes qui n'ont absolument aucuns pâturages. Il
» en est de même en Suffolk. Que l'on compare
» maintenant les heureux résultats qu'ont obtenus
» les fermiers de ces deux provinces avec ce qui
» a été écrit il y a environ 20 ans (aujourd'hui
» 40 ans) sur la nécessité de conserver les pâtu-
» rages de bêtes à laine, et l'on sera convaincu
» que les raisonnemens de tous ces écrivains n'a-
» vaient absolument aucune valeur. »

Il en est tout autrement dans les terres fortes, et
plus elles sont fortes, plus l'étendue des prairies qui
en dépendent doit être grande. Comme on n'y obtient les récoltes de racines qu'avec beaucoup de
peines, que le trèfle, selon les lieux et les années,
y manque très-souvent, il en résulte que, sans une
provision de foin assez considérable, la subsistance
du bétail serait souvent compromise pendant l'hiver.

» J'ai examiné, dit A. Joung, nombre de fermes
» sous ce rapport, et je me suis convaincu, qu'en
» terres très-fortes, les fermiers qui font les meil-
» leures affaires, sont ceux qui ont autant de prés
» que de terres arables. Dans aucun cas, avec des
» terres de médiocre qualité, l'étendue des prés ne
» doit être moindre du tiers de la totalité. Si les
» terres sont de très-bonne qualité et pas humides,
» un quart en prés peut suffire. »

§ 9. NOURRITURE DU BÉTAIL A L'ÉTABLE OU A LA
PATURE.

Il est très-important de savoir pour le choix d'un
assolement, si la nourriture du bétail à l'étable est

en usage dans une contrée. ou si elle peut avoir lieu dans une ferme donnée. Bien que cette méthode, originaire des Pays-Bas ou de l'Allemagne, soit à nos yeux en honneur, et qu'elle procure à l'agriculture de si grands avantages qui lui assurent la supériorité sur le pâturage, il se pourrait cependant que dans bien des cas elle ne fût pas admissible, ou qu'elle fût d'une moindre utilité que l'autre à l'ensemble de l'exploitation. Elle n'est pas praticable là où ne réussissent ni la luzerne, ni le trèfle, là où les récoltes ne sont pas en sûreté, par défaut de police ou par toute autre cause. Elle est sans utilité, là où l'on est pourvu d'une suffisante quantité de prés, non susceptibles d'être mis en culture, soit par leur nature, soit par des clauses de bail, enfin elle serait sans but, là où le sol est d'une si heureuse qualité qu'il n'a besoin que de peu d'engrais. Car il est prouvé que la production du fumier est le plus grand, même le seul avantage qui résulte de la nourriture à l'étable.

Il est peu important de savoir quel système de culture on choisira avec la nourriture du bétail à l'étable, pourvu que l'on sache s'assurer du fourrage et de la paille en suffisante quantité. Le fourrage se trouve certainement en plus grande abondance avec l'assolement alterne, mais l'assolement triennal produit plus de paille. De là il résulte que ceux qui pratiquent l'assolement alterne, suivent une fausse route, si, avec le fourrage, ils ne cherchent aussi à obtenir de la paille. On prétend bien que l'assolement alterne ne produit pas moins de paille que l'assolement triennal ; mais on prétend souvent bien des choses incroyables. Quoiqu'il en soit, la paille produite par l'assolement alterne ne peut suffire pour la nourriture à l'étable, que dans le cas où le cultivateur renonce à la culture des plantes destinées uniquement à la vente, qui consomment beaucoup de fumier et ne rendent que peu ou point de matériaux pour en faire. De là provient sans doute le grand éloignement qu'ont pour la culture de ces plantes, ceux qui suivent l'assolement alterne. Mais si ces derniers manquent de paille, les autres manquent assez souvent de fourrage, et ce n'est qu'avec un excellent sol, ou un climat qui permet des récoltes dérobées très-favorables, qu'ils pourront nourrir leur bétail à l'étable, sans avoir le secours d'une étendue considérable de prés. Cet excellent système, soutien de l'agriculture, aurait donc aussi des écueils qu'un bon pilote doit chercher à éviter.

En définitive, on peut dire que l'assolement alterne et la nourriture à l'étable se prêtent un mutuel appui et se doivent réciproquement leur prospérité. Cependant, il n'en est pas moins vrai que ceci peut aussi avoir lieu avec l'assolement triennal, mais que dans le plus grand nombre de cas, une demi-nourriture à l'étable convient bien à ce dernier et lui est même nécessaire, pour qu'il se soutienne honorablement.

On remarquera que je ne veux ici aucunement parler du système dont nous nous occuperons ailleurs, où les terres sont régulièrement mises en pâturage. (*Felgras wirthsaft.*)

§ 10. DÉBOUCHÉS ET VALEUR DES PRODUITS.

Engraisser, comme les anglais, dans un pays où la viande grasse n'est pas payée; produire des grains qui n'ont pas de prix au marché et que l'on ne trouve pas à vendre, comme le seigle en Alsace; cultiver des plantes pour le commerce, là où il n'existe ni manufactures ni commerce qui en assurent la vente; s'attacher à produire du fourrage dans le voisinage de grands marchés de grains, ou produire des grains quand on est loin de ces marchés, ou qu'on en est séparé par des chemins impraticables, etc..... Tout cela serait sans doute de très-fausses spéculations. Au contraire, un débouché sûr et constant des produits, un transport facile, des prix satisfaisans, sont autant de circonstances qui ne doivent pas échapper à l'attention du cultivateur.

Celui par exemple qui, dans un pays privé de bonnes routes, transporte à de longues distances le produit peut-être pauvre de ses champs, ne peut soutenir la concurrence avec celui qui cultive, plus près, des terres plus fertiles. Souvent, à moins de circonstances très-favorables, il ne retire pas les frais de culture, s'il vend ses grains aux prix du marché. Son lot est l'éducation du bétail, et il ne doit cultiver de grains que pour ses besoins. En a-t-il de reste, il fera mieux de le faire consommer à ses bêtes, qui le porteront au marché sous la forme de viande et de graisse.

§ 11. SECOURS QUE L'ON PEUT TIRER DU DEHORS.

Dans le voisinage des grandes villes, on achètera souvent le fumier à des prix plus bas qu'on ne saurait le produire. Si dans une telle position l'éducation du bétail n'offrait point de produit direct, il serait convenable de la restreindre, de diminuer la production du fourrage, et de s'attacher à produire des denrées que l'on puisse vendre. Nous en trouvons deux grands exemples, l'un dans l'agriculture des belges essentiellement productrice de grains, l'autre dans la culture triennale des alsaciens. Ces derniers même comptent tellement sur l'achat du fumier qu'ils oublient presque la culture du trèfle, et laissent errer dans les pâturages communaux le peu de bétail qu'ils ont. Cependant, chez les deux peuples, la production des denrées destinées à la vente, celle notamment du grain chez le premier, est telle qu'on la trouverait difficilement aussi considérable ailleurs; ce qu'ils doivent à l'achat d'engrais, sans lequel ils ne pourraient nullement obtenir de tels résultats, notamment les habitans des Pays-Bas qui ne possèdent pas l'excellent sol de l'Alsace.

On sait quels puissans effets ont, sur la végétation du trèfle, le plâtre sur les bords du Rhin, les cendres de tourbe dans les Pays-Bas; quels avantages on retire des cendres lessivées dans la Westphalie et autres pays de montagnes, des débris de poissons, des herbes marines, etc.... sur les bords de la mer. On connaît l'emploi que l'on fait de la chaux en Silésie, de la marne dans le Meklembourg et le Holstein. Que l'on prive ces différens pays de ces précieuses ressources, que l'Alsace et les Pays-Bas n'ayent plus d'engrais à acheter, et l'on verra ce qui résultera pour l'agriculture de la privation de ces moyens.

En général, si l'on peut se procurer des engrais du dehors, on peut aussi cultiver des plantes qui n'en rendent à la terre que peu ou point. On peut diminuer la quantité du bétail qui offre souvent peu de profit; on peut par conséquent diminuer la production du fourrage; enfin il est possible de vendre du fourrage et même de la paille.

Des résultats non moins importans, quoique bien différens pour l'ensemble de l'exploitation, et par conséquent pour le choix d'un assolement, proviennent de la nécessité où l'on peut se trouver de fournir des engrais au dehors. Si les terres n'ont pas à fournir seulement à leurs besoins, mais aussi aux prés, aux vignes, même à un grand jardin et à ses couches, alors il faut choisir un assolement très-peu exigeant, et renoncer à toutes les récoltes qui demandent beaucoup d'engrais et en produisent peu.

§ 12. PRIX DU TRAVAIL.

« Economiser et simplifier autant que possible le tra-
» vail, dit Koppe, tel est le problème que l'on doit
» s'appliquer à résoudre dans l'organisation d'une
» grande exploitation. »

Ce qu'écrivait, il y a huit ans, cet auteur, pour les grandes fermes du nord, s'applique malheureusement aujourd'hui aux moyennes et même aux petites fermes.

La constance des bas prix des produits, a mis l'agriculture dans un tel état de souffrance, qu'il ne s'agit plus de produire beaucoup, mais d'économiser sur les frais de production. On ne doit plus chercher qu'à réduire les frais d'exploitation, autant qu'on peut le faire, sans trop grand préjudice; le profit net a presque entièrement cessé d'exister, et ne consiste plus qu'en misérables épargnes et lésineries, tellement qu'on devrait moins le nommer un produit net qu'un produit négatif.

Il y a à considérer deux sortes de travail, celui des attelages et celui des bras des hommes.

Le travail des attelages est le plus important et le plus coûteux. Il est le plus important, parce qu'il est indispensable, et qu'on ne doit le réduire qu'avec beaucoup de circonspection ; il est le plus coûteux, parce qu'il entraîne non-seulement l'entretien des animaux, mais aussi celui de leur conducteur, et que cet entretien doit se compter pour toute l'année et non par journées de travail.

Il est reconnu que là ou l'on peut en tout temps se procurer des attelages étrangers, on exécute les travaux à bien moindre frais qu'avec ses propres attelages. La cause évidente en est dans la nécessité de tenir plus d'attelages qu'il n'en faudrait pour l'exécution des travaux, s'ils étaient également répartis et les mêmes chaque année. Mais on sait quelle influence a la diversité de température, qui une année rend les travaux plus difficiles, et une autre année plus faciles, qui tantôt allonge, tantôt abrège le temps où on peut les exécuter. Il peut y avoir des cas, où, avec des attelages complets, on peut travailler pour un autre, et couvrir ainsi une partie des frais d'entretien. Ceci peut avoir lieu par un temps favorable, mais par un temps défavorable, on exécutera mal ou ses propres travaux, ou ceux des autres. Un cultivateur qui tient à ce que l'ouvrage soit bien exécuté, ne doit ni travailler pour les autres, ni faire faire son travail par des étrangers. Au reste ceci n'a jamais lieu dans de grandes exploitations, et très-rarement dans de moyennes. Le cultivateur doit donc chercher à économiser le plus possible sur ses attelages, et il ne le peut, qu'en restreignant les cultures qui exigent beaucoup de travaux d'attelages, en mettant une partie de ses champs en pâturages, si quelqu'autre cause ne s'y oppose; en recourant à la jachère complète pour mieux répartir les travaux, en se procurant de bons instrumens aratoires. Cette dernière circonstance n'a, à la vérité, aucune influence directe sur les assolemens, mais il ne faut pourtant pas la négliger, car c'est une grande différence sur les frais de travail, d'atteler à une charrue deux, ou quatre, ou six bêtes, qui nécessitent un, deux ou trois hommes, comme de pouvoir labourer un ou bien deux arpens en un jour. Ceci doit donc être pris en considération dans le choix de l'assolement, si l'on ne veut tenir une quantité démesurée de bêtes de travail, et diminuer ainsi considérablement le profit net de la culture.

Dans une agriculture qui vise à une excessive perfection, le travail des hommes a souvent encore plus d'importance que celui des attelages, et il faut ici la plus grande circonspection, si l'on ne veut se ruiner à force de travailler. Nous n'avons pas toujours à notre disposition autant de bras que nous en voudrions; souvent nous sommes contraints de restreindre notre culture, souvent le prix de main-d'œuvre est si élevé, qu'à moins de perte il faut renoncer aux récoltes qui en demandent beaucoup. Malgré les bas prix des produits, la main-d'œuvre reste au même taux que quand ils avaient une valeur plus élevée. Comment alors pourra-t-on cultiver sans perte si l'on ne réduit le travail? Le temps est malheureusesement venu où celui-là seul peut s'en tirer qui avec femme, enfans et servante fait la plus grande partie de son ouvrage, et débourse le moins d'argent. Il n'y a que des politiques à vues bien bornées, ou les partisans de la division des propriétés qui puissent se réjouir d'un si grand mal.

§ 13. CARACTÈRE MORAL DE LA CLASSE OUVRIÈRE ET DES VOISINS.

Ce n'est pas seulement le prix, c'est encore plus la bonté et la quantité du travail obtenu pour une somme donnée, qui déterminent le montant des dépenses d'une exploitation. Un bon ouvrier peut, dans le même temps, faire autant d'ouvrage que trois mauvais. La bonne exécution du travail n'est pas moins importante pour beaucoup de plantes. Ainsi il ne suffit pas que les ouvriers soient laborieux, il faut aussi qu'ils soient intelligens, et qu'ils aient beaucoup de bonne volonté, s'ils n'ont pas l'habitude de l'ouvrage qu'on leur fait exécuter, toutes qualités qui manquent si souvent à la classe des manœuvres. Il en est de même des domestiques; beaucoup croyent avoir tout fait, s'ils labourent un arpent dans un jour, tandis qu'un autre en labourera deux; exige-t-on d'eux qu'ils en fassent autant, l'ouvrage sera exécuté d'autant plus mal.

Souvent aussi il faut avoir égard au caractère moral des voisins. Malheur à celui qui est forcé de s'établir au milieu d'une population pillarde, voleuse et sans moralité, qui a pour voisins des querelleurs, des chicaneurs, ou des gens qui, ennemis de tout changement, sont en opposition ouverte avec tout ce qui est nouveau, fût-ce les meilleures choses, ou cherchent à les détruire en secret. Ces voisins sont plus funestes au cultivateur que les épines et les chardons!

§ 14. DIMES EN NATURE.

Dans le peu que j'ai à dire, je ne prétends pas attaquer des droits constatés par une longue possession, mais seulement faire voir combien la part de produit qu'il faut donner à un tiers peut avoir d'influence sur le choix d'un assolement. Rarement on pourra parvenir à changer l'assolement établi, parce que celui qui perçoit la dîme ne se croit pas seulement le droit, comme il l'a réellement, de prélever le dixième du produit, mais prétend aussi prescrire au cultivateur le mode et la mesure de sa culture, d'après les usages anciennement établis, dans une contrée donnée, ce dont, selon mon opinion, il n'a pas le droit. Quelle que soit l'origine de la dîme, l'intention du législateur ne peut jamais avoir été d'établir une règle générale pour la quantité, ni pour la qualité de la portion à prélever. Autrement il faudrait admettre que le droit une fois établi déterminerait pour toujours le système de culture, devenu dès-lors incommutable. Ceci serait une servitude que le législateur n'a certainement jamais eu l'intention d'imposer, car il aurait alors interdit tout progrès et toute amélioration dans la culture, il aurait en même temps déterminé les limites de la population, en fixant la mesure de ce que devait produire la terre.

Le législateur assura au décimateur la dixième partie

de ce que produirait le sol soumis à la dîme, soit qu'il fût cultivé de telle ou telle manière, bien par l'un, mal par l'autre. S'il en était autrement, il eût fallu prescrire à celui qui est soumis à la dîme, non-seulement l'assolement à suivre, mais encore la manière de cultiver; le nombre de labours, la quantité de fumier, la quantité de semence, etc.

Quelqu'absurdes que soient ces conséquences, elles ne le sont pas plus que la prétention de soumettre celui qui doit la dîme à un assolement incommutable. Que cet assolement remonte à une haute antiquité, cela ne fait absolument rien à la chose, à moins qu'on ne veuille prouver qu'il existait lors de l'établissement de la loi, ce qui est tout à fait faux; nous connaissons assez de changemens survenus dans la culture. Ou bien les décimateurs voudraient-ils nous ramener à l'antique système, où la terre n'était ensemencée que tous les deux ans, comme chez les Romains, du temps de la république, et comme cela a eu lieu depuis, et a même encore lieu dans d'autres contrées ?

Le décimateur y gagnerait-il ? qu'il jouisse de son droit et qu'il laisse le décimé jouir aussi du sien, de cultiver ce qu'il veut et comme il l'entend. On doit nécessairement supposer que ce dernier sait mieux ce qui convient à ses terres, et qu'ayant à percevoir neuf dixièmes il cherchera la prospérité du tout, mieux que celui qui n'a à prétendre qu'un dixième.

Deux motifs seulement peuvent faire désirer à celui qui perçoit la dîme que le système établi ne puisse être changé. La facilité de percevoir, et une plus grande uniformité dans son revenu annuel. Des variations dans la culture pourraient certainement le priver

de ces deux avantages. Mais serait-il juste que le cultivateur auquel le temps apporte tant de contrariétés, et fait
supporter tant de pertes, fût obligé de renoncer à ses
propres intérêts pour la plus grande commodité du
décimateur et pour assurer l'uniformité de ses revenus?
Serait-il avantageux à l'état que pour de semblables
motifs, la culture fût arrêtée dans ses améliorations,
que l'exemple utile qu'un homme pourrait donner à
ses voisins fût étouffé, etc.

Mais supposons que ces difficultés soient levées, et
que le cultivateur jouisse d'une entière liberté pour
l'assolement de ses terres et le choix de ses récoltes,
il n'en existera pas moins un grand vice dans l'impôt
de la dîme; c'est qu'il se prélève sur les plantes qui
entraînent beaucoup comme sur celles qui entraînent
peu de frais de culture. Quelque dur que soit cette
obligation, il serait difficile d'y soustraire le cultivateur,
puisque la dîme est établie sur la totalité des produits
de la terre. Les seules récoltes que je crois que l'on
pourrait et devrait en excepter, sont les plantes fourragées vertes et non susceptibles d'être vendues, comme
trèfle, vesces, navets, récolte dérobée, spergule, et
même la paille, en tant que toutes ces récoltes ne
servent qu'à faire du fumier. Le produit des champs
en étant augmenté, il me semble juste que celui
qui en a sa part, y contribue aussi par un petit
sacrifice. Il en serait autrement si ces produits, con-
vertis en foin, devenaient marchandise susceptible
d'être vendue.

Quel que soit à cet égard l'usage des divers pays, le
cultivateur doit prendre cet objet en considération, et
penser dans ses dépenses, qu'il ne les fait pas dans son

seul intérêt, mais aussi dans l'intérêt de celui qui per—
çoit la dîme ; motif de plus pour économiser. Heureux
celui qui, exempt de telles charges, n'emploie son
argent, son temps et ses peines que pour son avantage
particulier !

§ 15. DROITS ET SERVITUDES.

Ce n'est pas un petit avantage que de jouir d'un
droit de pâture sur d'autres terres où les animaux vont
chercher leur nourriture et rapportent l'engrais à la
ferme à laquelle ils appartiennent. Joint-on à cela un
droit de dîme, alors il n'est pas nécessaire de créer à
son gré un système de culture et de pratiquer avec
succès ce qui est interdit à bien d'autres laborieux
cultivateurs. Il est facile de faire bon ménage quand
on est dans l'abondance.

Mais que sera-ce dans le cas opposé ? Si nos champs
sont assujettis au droit de parcours au profit d'un autre ?
Si, à quelques légères modifications près, l'ancienne vie
nomade existe encore sous la protection des lois ? Il
faut bien ici s'en tenir aux vieilles coutumes et le bien
public est sacrifié à l'intérêt particulier de quelques
individus, ou au préjugé.

« Sans le secours de l'autorité administrative, dit le
» célèbre Koppe, cet état de choses durera encore
» long-temps dans bien des endroits. Mais là où le
» goût et l'amour de l'agriculture se sont répandus
» dans les classes éclairées, là où le sol acquiert plus
» de valeur par l'accroissement de population, là on
» reconnaîtra la nécessité de dégager l'agriculture de
» ces entraves. » Ainsi soit-il !

§ 16. CONDITIONS DES BAUX.

La culture n'est pas moins entravée par les clauses des baux qui prescrivent un certain assolement et éternisent ainsi les anciennes coutumes, bonnes ou mauvaises. Il n'y a qu'une machine de paysan, et non un agriculteur raisonnant son art qui puisse souscrire à de pareilles conditions avec un propriétaire qui entend aussi peu ses intérêts.

La courte durée des baux s'oppose encore aux changemens d'assolemens. Celui qui veut passer d'un système de culture à un autre, même d'un moins bon à un meilleur, doit s'attendre nécessairement à des pertes pour la première année. Pour compenser ces pertes et retirer le fruit de ses améliorations, il lui faut au moins un espace de douze années. Avec un bon et solide fermier, le bail ne saurait être trop long, comme il ne saurait être trop court avec un mauvais fermier, offrît-il même un canon plus élevé. Mais qu'entendent à cela tant de régisseurs de biens?

§ 17. CIRCONSTANCES LOCALES PARTICULIÈRES.

Il serait impossible d'indiquer ces circonstances, par cela même qu'elles dépendent des temps et des localités. Tantôt elles sont favorables, tantôt préjudiciables à l'exploitation, et il n'est pas rare qu'elles méritent l'attention continuelle du cultivateur, ou que du moins en commençant, il doive les examiner attentivement pour prévenir d'avance les inconvéniens et profiter des avantages dans le choix d'un assolement.

Ainsi le voisinage des grandes villes et le débit facile du lait, décident, pour une marcairerie, la possession de riches pâturages au bord d'une rivière, pour l'engraissement du bétail, la grande étendue de prés de moindre qualité pour l'éducation du bé-tail. Le voisinage des manufactures favorise la culture des grains et celle des produits qu'emploient les fabriques. De bonnes routes, des rivières navigables, des canaux, le voisinage de la mer, une population considérable, liberté de commerce intérieur et extérieur, la facilité de fabriquer de l'eau-de-vie ou de la bière, d'exécuter des travaux accessoires avec les attelages, etc., ont ou peuvent avoir la plus grande influence sur le choix des produits à cultiver, et par conséquent sur le choix d'un assolement.

§ 18. MOYENS DU CULTIVATEUR.

Il faut en toutes choses pour agir, les moyens et l'intelligence qui les met en œuvre. Plus cette intelligence est grande, et plus elle a de moyens à sa disposition, plus l'impulsion, donnée à toute la machine, sera vigoureuse.

Certaines personnes qui savent mieux écrire et compter que penser, et qui ne voyant et ne jugeant que de leur cabinet, ne distinguent pas l'être intellectuel de l'être matériel, s'imaginent que pour mener une exploitation agricole, il ne faut être qu'un paysan, tout comme le bœuf qu'on attèle à la charrue n'est qu'un bœuf. Mais que ces messieurs ne donnent pas de conducteur, ou qu'ils donnent un mauvais conducteur à ce bœuf, et ils verront le bel ouvrage ! Il faut donc, comme nous savons, à un cultivateur quelque chose de plus qu'on ne pense communément ; il faut qu'il sache quelque chose de plus que lire, écrire et battre du grain ou autres choses semblables. Ceux qui bornent là son talent prouvent leur complète ignorance de la science agricole, et il serait tout aussi inutile de discuter avec eux, qu'avec un aveugle des couleurs. Nous nous adresserons plutôt aux cultivateurs eux-mêmes, à ceux qui, débutant dans la carrière, ont besoin d'instruction et d'indulgence.

Nous en trouvons ici beaucoup qui, avec peu d'intelligence, ou une intelligence suffisante, mais que l'expérience n'a pas encore murie, prétendent d'abord à la perfection ou à ce qu'ils prennent pour elle. Trop prompts à quitter la vieille routine, ils règlent de nouveaux assolemens selon leur goût, ou selon des idées qu'ils ont prises dans des voyages ou dans des livres, ne pensant pas que ce qui est bon dans un endroit n'est pas, par cette raison, bon partout ; que ce que l'un peut, n'est pas pour cela praticable pour tout autre. Arrêtés bientôt par les obstacles, ils sont obligés de rétrograder, non sans quelque honte, souvent avec beaucoup de perte, et ils recourent pour se relever, à cette routine tant méprisée, à moins qu'opiniâtres autant qu'ils ont été imprévoyans, ils ne persévèrent dans la mauvaise route où ils se sont engagés, et dont ils reconnaissent la fausseté, plutôt que de céder aux circonstances et à la nécessité. De tels hommes ne savent ni coordonner, ni unir les différentes parties de leur affaire, ni maintenir dans leur culture l'équilibre entre la production et les moyens. De là tout est chez eux chancelant, en souffrance, et le tout ressemble plutôt à un amas de beaux débris qu'à un édifice complet. Ils vivent au jour le jour, imprévoyans du lendemain. La machine ne marche-t-elle pas, c'est assez pour eux qu'elle ait dû marcher.

Si un bon conseil pouvait, chez de tels hommes, n'être pas perdu, je les engagerais à s'en tenir à la culture de leurs voisins, ou à confier la direction de leur affaire à un aide plus habile, jusqu'à ce que le maître lui-même en sût davantage.

Supposons maintenant que l'intelligence et l'expérience soient là. Mais que peut la tête sans bras? C'est à l'intelligence de régler un bon assolement et c'est aux bras de le mettre en œuvre. Ici il ne faut pas perdre de vue qu'entre les divers assolemens, les uns exigent plus de moyens que les autres, si l'on veut en tirer tout ce qu'ils sont susceptibles de rendre. Que fera, par exemple, un homme qui manque d'argent avec un assolement riche en plantes destinées à la vente, mais qui exigent beaucoup de main-d'œuvre? Que lui servira de couvrir, tous les deux ans, ses champs de récoltes fourragères et de racines, s'il ne peut se procurer le bétail pour les consommer? Qu'avec de mauvais attelages, de mauvais équipages, il entreprenne de grands travaux, il les exécute mal, ou succombe sous le fardeau.

Je prie de voir ce que dit à cet égard le célèbre Koppe.

SECONDE SECTION.

Quoique nous devions considérer comme une création la formation, la multiplication, le renouvellement et la croissance de tous les êtres organisés, cependant rien n'est créé de rien. Tout ce qui est détruit retourne à la terre. Rien n'est inutile, rien n'est perdu. Celui qui donne peu au sol en retire peu, et celui qui en exige beaucoup, doit aussi lui rendre beaucoup. Il ne faut pas pour cela que nous fournissions tous les alimens nécessaires à la végétation des plantes; les parties inorganiques contenues dans le sol et les influences atmosphériques contribuent aussi à leur nourriture. Mais dans quelle proportion y contribuent-elles, et combien par conséquent nous reste-t-il à fournir? Ici s'ouvre un vaste champ de difficultés.

Si le climat, la température de chaque année, le sol étaient partout les mêmes; si une récolte n'épuisait pas plus le sol qu'une autre, on tirerait la même quantité de nourriture de l'air, de l'eau, des substances inorganiques. Si toutes les plantes restituaient au sol, par leurs débris, autant l'une que l'autre, si nous savions bien quelle quantité de fumier produit une quantité donnée de fourrage et de paille, si le fumier employé avait toujours la même qualité, était toujours également consommé, etc.... Si enfin tout cela était tout autrement que cela n'est réellement, alors le compte serait bientôt fait. Mais comme nous ne pouvons prendre pour base que ce que nous voyons réellement, et que tant de choses échappent à nos regards, il nous faut bien marcher en tâtonnant dans l'obscurité et nous en tenir à des à-peu-près, sans pourtant repousser les secours de la science, toutes les fois qu'elle peut fournir quelque résultat positif.

Nous allons d'abord poser quelques principes généraux : bien entendu qu'il s'agit ici de culture de terres, et non de l'éducation seule du bétail.

Toute récolte exige de l'engrais; l'engrais suppose des matériaux pour sa production.

Plus on demande à la terre, plus il faut lui donner d'engrais, plus il faut de matériaux pour produire celui-ci.

Moins on est d'ailleurs pourvu de ces matériaux, plus il faut que le champ en fournisse.

Moins les récoltes obtenues fournissent de ces matériaux, plus il faut en outre cultiver d'autres plantes qui suppléent au déficit.

Ces matériaux que la terre doit fournir sont le fourrage et la paille.

Si le fourrage manque, le fumier aura peu de qualité. Sans paille, on n'obtiendra que très-peu de fumier.

Le fourrage et la paille réunis sont les soutiens de l'agriculture; que l'un manque ou soit trop faible, l'autre n'est pas en état de supporter l'édifice.

Plus on fait consommer au bétail de nourriture non sèche, plus il faut de paille, et plus cette paille est employée avantageusement.

Par contre, ce n'est qu'avec abondance de paille que l'on peut tirer le plus grand avantage de la nourriture du bétail avec des racines.

Dans le plus grand nombre de cas, la production de fourrage n'a presque d'autre résultat que la production de fumier, elle n'est donc que médiatement avantageuse au cultivateur.

La production de beaucoup de plantes destinées à la vente donne un produit immédiat, mais souvent elle est médiatement préjudiciable au cultivateur.

Les céréales donnent par la paille un profit médiat

à la culture, et par le grain un profit immédiat au cultivateur.

Il faut donc placer la production des céréales au premier rang, celle des fourrages au second, et celle des plantes destinées à la vente au troisième rang.

Sans fourrage, la production des céréales ne serait que misérable ; sans les céréales, les fourrages ne donneraient point de profit ; sans fourrage et sans paille, la culture des plantes destinées à la vente n'est pas possible.

La production de fourrage est la première base ; celle des céréales sert à la base et au corps de l'édifice ; la production des récoltes uniquement destinées à la vente, n'est que pour ornement.

Pour que l'édifice soit solide, il faut que les fondations soient en rapport avec le corps du bâtiment et les ornemens, et qu'elles soient plutôt trop fortes que trop faibles.

Produire plus de fourrage qu'il n'est nécessaire est une dépense inutile, trop peu de fourrage est la ruine de l'exploitation.

La science des assolemens consiste dans la juste proportion des récoltes à vendre et de celles qui doivent être consommées.

Dans le choix d'un assolement, les grains d'hiver doivent fixer particulièrement l'attention du cultivateur. Non-seulement ils produisent plus de grains, mais aussi plus de paille, et de meilleur qualité. Par cette dernière raison ils rendent plus à la terre.

La culture des plantes pour le commerce ne peut avoir lieu, que quand tout l'édifice a été élevé sur des bases solides.

Il nous reste à indiquer ici la quantité d'engrais que produisent le fourrage et la litière ; mais la chose n'est nullement facile.

On sait que le fourrage et la litière consommés par le bétail perdent en volume, que l'un perd et que l'autre augmente en poids. Mais *quelles sont* et *la perte* et *l'augmentation*, et *en quoi consistent-elles ?*

EXAMEN DE LA PREMIÈRE QUESTION

Combien gagnent ou perdent les végétaux dans la conversion en fumier ?

Pour trouver cette quantité, on a, dans ces derniers temps, multiplié le poids du fourrage par un chiffre qui a varié dans le rapport de 1 à 3 et de 3 à 7, selon qu'il était question de litière ou de fourrage, selon que ces derniers étaient plus ou moins substantiels, plus ou moins aqueux. De là il est résulté nécessairement une multitude de résultats différens et en partie contradictoires.

Car la différence est très-considérable, selon que les animaux sont bien ou mal nourris, d'alimens aqueux ou secs, si la litière est faite avec abondance, ou avec économie, si le fumier est supposé frais, ou plus ou moins ancien, selon le lieu où il a été conservé et la manière dont il a été traité, enfin selon l'espèce d'animaux qui ont consommé le fourrage et la litière. Les déjections des vaches sont plus abondantes que celles des chevaux, et celles des chevaux plus abondantes que celles des bêtes à laine. Mais en supposant des animaux sains et nourris en proportion de leurs besoins, quelle que soit l'espèce de ces animaux, le poids du fumier frais qu'ils produisent, dépend presqu'uniquement de la quantité de liquide qu'il contient, et très-peu de l'espèce des animaux. Aussi les déjections pesées sèches présentent à peu près le même poids. Chez les vaches, 44; les chevaux, 42; les bêtes à laine, 40. Nous pouvons donc, sans avoir égard aux divers animaux qui consomment le fourrage, prendre seulement les bêtes à cornes, comme le bétail le plus commun, pour base des calculs suivans.

Une des plus grandes difficultés pour établir ces calculs, consiste en ce que les animaux ne sont pas toujours nourris de fourrages secs, mais aussi d'alimens aqueux. On sait, quant aux premiers, que bien qu'une partie serve à la nutrition et soit par conséquent perdue pour le fumier, le fourrage sec a, dans les déjections, un poids plus considérable que celui qu'il avait auparavant. Cette augmentation ne peut provenir que de l'eau ou des autres liquides qui s'y mêlent dans l'estomac de l'animal. Tout le contraire a lieu avec les fourrages verts, dont le tissu est rempli de plus de liquide qu'il n'en peut contenir après qu'il a été broyé. Ils doivent donc après la digestion diminuer en poids, étant privés de cet excédant de liquide dont une partie s'évapore, ou s'unit au fourrage sec que l'animal consomme en même temps, ou passe par les urines.

Il en résulte que, si l'on veut évaluer la quantité de fumier que produiront les alimens, il faut les réduire en parties solides, et calculer l'augmentation de poids que celles-ci acquerront par le liquide qui s'y joindra dans le corps de la bête. On pourrait croire que les parties sèches d'une substance absorberont une plus grande quantité de liquide que celles d'une autre substance ;

mais, cette disposition dépend principalement de la nature du tissu des parties dans leur état naturel, et elle est détruite, parce que le tissu lui-même est détruit par la mastication et la digestion. Ainsi une livre de pommes de terre sèches, ne donnera pas plus de fumier qu'une livre de foin.

Nous avons donc avant tout à déterminer quelle quantité de substance sèche donnent, déduction faite du liquide qu'ils contiennent, les fourrages consommés le plus ordinairement, frais ou verts.

Nous adopterons pour cela les bases posées par A. R. Block, auquel la science a tant d'obligations.

Voici, selon lui, ce que contiennent en substance solide les fourrages suivans :

100¹ de trèfle	....	21¹
»	pommes de terre	28
»	betteraves	12
»	carottes	13
»	colraves	21
»	navets	9

Il s'agit maintenant de savoir combien la bête s'assimile de ces parties sèches, et combien elles augmentent en poids dans les déjections.

La solution de la première question est si difficile, que l'on peut tout d'abord la déclarer impossible. Ainsi nous observons que la même nourriture produit chez une bête, plus de lait, plus de viande ou de graisse, que cette bête, par conséquent, s'en assimile une partie plus considérable qu'une autre. Nous observons encore qu'une substance sèche est plus nourrissante qu'une autre, qu'ainsi la nutrition en absorbe une plus grande partie, et qu'il reste moins pour les déjections ; que les alimens se digèrent plus ou moins facilement, etc... Nous ne pouvons donc avoir aucun égard à la ré-duction opérée par la nutrition, et il se pourrait bien que cette réduction ne fût pas dans le fait aussi grande que nous l'imaginons, et qu'elle fût en grande partie compensée par tout ce que l'organisme animal tire de l'air, de la chaleur, de l'eau, et par les glaires qui sont mêlées aux déjections.

Il n'est guères moins difficile de donner le poids des déjections elles-mêmes, puisque le liquide qu'elles contiennent détermine seul l'augmentation du poids. Or, ces déjections sont tantôt plus, tantôt moins épaisses. Chaque jour, chaque heure écoulée leur fait perdre de leur poids, tellement qu'elles contiennent 90, 80, 70, 60, 50 p. $\%$ de liquide, selon que le fumier est plus ou moins ancien, selon qu'on le traite avec soin ou avec négligence, qu'on le conserve dans l'écurie ou dans une fosse. On peut penser quelles énormes différences ces circonstances doivent amener dans le poids du fumier. Dans les expériences de l'abbé Guzzeri, le fumier a perdu, dans l'espace d'environ quatre mois, 54 $\frac{81}{100}$, par conséquent plus de la moitié de son poids. Ce savant n'ayant opéré que sur une petite masse, en-viron 40 l., et ayant mis tous ses soins à diminuer la fermentation et l'évaporation, on doit en conclure qu'une masse considérable traitée à la manière ordi-naire, eût perdu beaucoup plus.

Il y a donc une bien grande différence si le fumier est conduit de l'écurie immédiatement dans le champ, ou seulement au bout de trois semaines ou de trois mois; et tant que, ce qui est impossible, le fumier ne sera pas également ancien, ne sera pas traité de la même manière, il ne sera pas plus possible d'obtenir des résultats semblables, quand on voudra calculer le poids du fumier que produit le fourrage.

Cependant il faut bien admettre quelque chose de déterminé, pour avoir au moins une base à nos calculs économiques. Admettons donc que le fumier, quand on le conduit dans les champs, a perdu $\frac{1}{4}$ du liquide qui était joint à ses parties solides, ou qu'il contient encore 75 p. % de liquide, et je crois qu'en terme moyen, c'est en cet état qu'on conduit dans les champs la plus grande quantité de fumier. D'après cela, voici quelle quantité de fumier nous aurions à attendre des fourrages consommés.

100^l de fourrage.	Contiennent parties sèches.	Donnent fumier contenant 75 p. % de liquide.
Foin..........	100^l	175^l
Paille.........	100	175
Trèfle........	21	$36 \frac{3}{4}$
Pommes de terre	28	49
Betteraves.....	12	21
Carottes.......	13	$22 \frac{3}{4}$
Colraves......	22	$38 \frac{1}{2}$
Navets........	10	$17 \frac{1}{2}$
Paille de litière.	100	200

Le multiplicateur de tous ces alimens à l'état sec, serait donc 1,75, à l'exception de la litière que j'admets doublée de poids, parce qu'elle ne donne rien à la nourriture de l'animal, et parce que son tissu poreux et la forme creuse des chalumeaux la rendent probablement propre à absorber plus de liquide qu'un aliment mâché et digéré.

Il est vrai que je ne suis d'accord, ni avec Thaer, ni avec Burger, ni entièrement avec Block, mais comme eux-mêmes sont si loin d'être d'accord entr'eux, qu'il me soit permis d'émettre aussi mon opinion sur une question qui n'est pas encore résolue, et qui ne le sera peut-être jamais. Comme les résultats que j'admets sont les plus bas de tous, du moins dans l'assolement, le champ ne restera pas en arrière, et ne trompera pas le cultivateur dans ses calculs.

Voici un tableau, résultat de mon agriculture pratique, qui pourra être agréable à beaucoup de mes lecteurs, et qui présente le produit moyen par une bonne culture d'un hectare en paille et en fourrage, avec le fumier que l'on en obtient, d'après les bases que nous venons de poser. La voiture de fumier est calculée à 900 kilg., et le fumier est supposé contenir 75 p. % de liquide. Pour faciliter la comparaison, j'ai rangé les produits dans l'ordre que leur assigne leur abondance. Pour les céréales, je ne fais entrer en compte que la paille et non le grain.

TABLEAU du produit d'un hectare en fourrage vert et sec, et du fumier qui en provient.

	POIDS DU FOURRAGE ET DE LA PAILLE		PRODUIT EN FUMIER	
	VERTS.	SECS.	CONTENANT 75 pour cent de liquide.	
	kilog.	kilog.	kilog.	voitures.
Colraves	35,000	7,700	13,415	14 86
Pommes de terre . . .	27,000	7,560	13,230	14 70
Luzerne	26,200	5,504	9,097	10 10
Navets	50,000	5,000	8,750	9 72
Trèfle	23,800	4,998	8,270	9 19
Carottes	35,000	4,550	7,962	8 84

Suite du tableau précédent.

	POIDS DU FOURRAGE ET DE LA PAILLE		PRODUIT EN FUMIER	
	VERTS.	SECS.	CONTENANT 75 pour cent de liquide.	
	kilog.	kilog.	kilog.	voitures.
Maïs.............	»	4,500	7,875	8 75
Betteraves........	36,000	4,320	7,560	8 40
Seigle............	»	3,500	7,000	7 77
Épeautre	19,000	3,990	6,982	7 70
Froment et Épeautre	»	3,300	6,600	7 33
Colza............	»	3,000	5,250	5 80
Avoine...........	»	3,000	5,250	5 80
Herbe des prés....	13,500	2,795	4,888	5 45
Fèves............	»	2,500	4,625	5 14
Pois et Vesces.....	»	2,500	4,625	5 14
Orge	»	2,200	3,850	4 27

Quelqu'important que soit le produit en paille d'un champ, nous voyons cependant que sous le rapport du fumier produit, la paille le cède aux fourrages proprement dits. Car si nous réunissons les huit produits ci-dessus qui ne donnent que du fourrage, nous trouvons qu'ils fournissent 10 $\frac{1}{2}$ voitures de fumier, tandis que la paille ne fournit que 3 voitures par hectare. En outre il ne faut pas perdre de vue, que si les parties fluides enlevées aux fourrages par la digestion ne sont pas comptées dans les déjections, elles ne sont pourtant pas perdues pour le fumier. Elles s'unissent en grande partie aux alimens secs et à la litière. Ainsi ce qui est perdu pour les uns profite aux

autres, et de là on peut conclure quels avantages offre
la nourriture verte en général. Si la nourriture est entièrement sèche. les animaux boiront d'autant plus ;
la quantité des déjections restera bien la même , mais
cette addition d'eau leur fera peu gagner en qualité ,
quoiqu'on ne puisse refuser à l'eau toute influence
améliorante.

En conséquence, si nous rendions au sol, en nature,
la totalité de ses produits employés comme fourrage
et litière , il recevrait moins que si ces produits avaient
été préalablement consommés par le bétail , d'où l'on
peut conclure que des végétaux enterrés verts, ne fer-
tilisent pas la terre *d'une manière durable* , autant
que le fumier qu'ils auraient produit en nourrissant
des animaux.

Nous passons maintenant à l'examen d'une troisième
question.

Quelle étendue doit-on donner à la culture des
plantes produisant du fumier , pour maintenir le sol
dans l'état de fertilité nécessaire ?

Si nous savons cela , nous savons par conséquent
aussi ce que nous avons à faire pour augmenter la
fertilité du sol dans le cas où nous le jugeons convenable ; car ce qu'il y a de plus parfait n'est pas toujours
ce qu'il y a de plus convenable , et on peut faire trop ,
tout comme on peut faire trop peu.

L'objet le plus important pour le cultivateur, dans
le choix d'un assolement , est , sans contredit, de saisir
le juste rapport qui doit exister entre la production
et la force productrice. Sans cela il épuise ses champs
en leur demandant trop , ou il se fait tort en leur demandant trop peu. C'est ici , plus que partout ailleurs,

qu'il faut tenir un précieux milieu, entre prendre et donner, semer et recueillir, entre les intérêts du cultivateur
et de la terre qu'il cultive. Nous allons donc chercher
la solution de cette question, et elle ne nous sera pas
difficile à trouver, si nous continuons à suivre le chemin que nous nous sommes tracé jusqu'ici.

Une exploitation agricole est dans l'une des positions suivantes : Ou elle peut sans trop grands frais se
procurer des engrais au dehors, ou bien elle est pour-
vue de prés, ou jouit de dîmes, droits de parcours,
engrais extraordinaires, ou elle a des terres d'une
très-grande fertilité, etc.... ou bien, privée de tous
ces avantages, il faut qu'en totalité ou en grande partie,
elle tire de ses terres le fourrage et la paille qui lui
sont nécessaires.

Nous nous arrêterons à cette dernière position,
comme à celle qui mérite la plus sérieuse attention.

Elle présente encore deux circonstances différentes,
si le sol est plus propre à la production de l'herbe
ou à celle du trèfle. Dans le premier cas, il n'y a
d'autre système à suivre que de mettre périodique-
ment les terres en pâturage. Nous en parlerons dans
la quatrième partie.

Pour le second cas, le système le plus ordinairement
suivi, et qui est applicable aux grandes comme aux
petites exploitations, est la culture des grains avec celle
du trèfle, et avec la nourriture du bétail à l'étable.
Nous allons nous y arrêter ici, puis nous passerons à
la culture alterne.

Nous supposons des terres de qualité moyenne et
dans un état de culture satisfaisant.

Comme nous nous supposons dénués de tous secours étrangers, et bornés uniquement aux terres cultivées, il est nécessaire de soigner, d'abord pour les fondations de tout l'édifice, le fourrage et la paille ; puis nous verrons si le fumier qui en proviendra suffira à l'exécution de nos plans de culture.

Parcourant d'abord les divers systèmes de culture des grains, nous nous arrêtons au plus ancien. Jachère complète tous les deux ans, et fumier tous les six ans. Première année, jachère avec 18 voitures de fumier; deuxième, seigle ; troisième, jachère ; quatrième, froment ou seigle ; cinquième, jachère ; sixième, avoine.

Le produit en paille et fumier est comme suit :

	Paille.	Fumier.
1re Jachère complète......	»	.... »
2e Seigle fumé.............	3500 kilog.	.... 7000 kilog.
3e Jachère	»	.... »
4e Seigle non fumé......	2625	 5250
5e Jachère.............	»	.... »
6e Avoine	2250	 3957
	8375	16207

Seize mille deux cent sept kil. de fumier donnent 18 voitures.

La quantité de fumier obtenu suffit donc exactement aux besoins. Je ne crois pas avoir trop accordé à la 2e récolte de seigle et à celle d'avoine, si je ne mets leur produit en paille qu'à un quart au-dessous du produit ordinaire. Sans la jachère complète qui précède, il en serait certainement tout autrement.

Voyons ce que nous obtiendrons avec l'assolement triennal, en fumant tous les trois ans. Le compte s'établira ainsi.

PREMIER EXEMPLE.

	Paille.	Fumier.
1re Jachère fumée.....	»	...... »
2e Seigle.............	3500 kilog.	...... 7000 kilog.
3e Avoine...........	3000	 5250
4e Jachère fumée.....	»	...... »
5e Froment.........	3300	 6600
6e Orge	2200	 3850
	12000	22700

Vingt-deux mille sept cent kilogrammes de fumier donnent 25,22 voitures.

Nous avons besoin de 36 v^{es}, 18 pour chaque année de jachère, nous avons donc un déficit de 10,78 v^{es}, ce qui donne pour une culture de 100 hect^{es}, 179 $\frac{2}{3}$. Pour obtenir cette quantité, il faudra 33 hectares de pré.

Nous avons à présent à examiner quel secours nous tirerons du trèfle, en le faisant entrer concurremment avec la jachère dans l'assolement triennal. Nous aurions alors :

DEUXIÈME EXEMPLE.

	Paille et Fourrage.	Fumier.
1re Jachère fumée.....	»	...... »
2e Seigle.............	3500 kilog	...... 7000 kilog.
3e Orge	2200	 3850
4e Trèfle fumé.......	4998	 8270
5e Froment	3300	 6600
6e Avoine..........	3000	 5250
	16998	30970

Ces 30970 kilog. de fumier donnent 34 $\frac{1}{2}$ voitures. Nous avons besoin :

Pour la jachère, de..........	18 v^{es}.
Pour le trèfle	24
TOTAL.....	42
Le produit est..............	34 $\frac{1}{2}$
Déficit....	7 $\frac{1}{2}$

Déficit pour 100 hect., 125 voit. qui s'obtiendront avec 23 hect. de pré, n'ayant pas besoin d'être fumés.

Comparant ce compte avec le précédent, nous trouvons que la culture du trèfle nous épargne 8 hect. de pré, mais nous voyons aussi que même avec le trèfle et la jachère, une agriculture triennale ne peut pas se soutenir seule et sans le secours de prés.

Donnons-lui pour aide une récolte de racines, et choisissons les pommes de terre, mais ne leur accordons que la moitié de la jachère, pour ne pas souffrir une trop forte réduction dans les grains d'hiver. Nous laissons le produit en paille tel que nous l'avons établi, mais pour cela, nous donnons à la partie plantée en pommes de terre, une fumure beaucoup plus forte, sans quoi nous risquons une diminution notable dans le produit en paille des deux récoltes suivantes.

Notre assolement s'établira donc de la manière suiv^e :

TROISIÈME EXEMPLE.

		Matériaux p^r le fumier.	Fumier.
1re	Moitié pommes de terre sèches.	3780 kil.	.. 6615 kil.
	Moitié jachère..............	»	.. »
2^e	Moitié froment...........	1650	.. 3300
	Moitié seigle..............	1750	.. 3500
3^e	Moitié avoine.............	1500	.. 2625
	Moitié orge..............	1100	.. 1925
4^e	Trèfle sec	5000	.. 8270
5^e	Froment	3300	.. 6600
6^e	Avoine	3000	.. 5250
		21080	38085

La totalité du fumier est 42 $\frac{1}{3}$ voitures.

Il nous faut pour le demi-hectare en jachère...... 9 voit^{rs}.
—   pour le demi-hectare, pomme de terre.. 15
—   pour l'hectare trèfle.............. 24

TOTAL.......... 48

Il manque donc 5 $\frac{2}{3}$ voitures de fumier, ou pour 100 hect. 94 $\frac{1}{3}$, qui nécessitent 17 $\frac{1}{2}$ hect. de prés, et cela dans la supposition que la totalité des pommes de terre est consommée dans la ferme, et que le froment qui succède aux pommes de terre, ne donnera pas moins de paille que celui qui est semé sur jachère, ce qui est douteux.

Si nous comparons entr'eux ces trois exemples de culture, nous trouvons que sans fourrages artificiels, mais avec $\frac{1}{3}$ des champs en jachère complète, pour 100 hectares de terre, 33 hectares de bons prés, qui n'ont pas besoin d'engrais, sont nécessaires ; qu'avec la culture du trèfle et un sixième des champs en jachère, il faut 23 hect. de prés ; qu'enfin avec le trèfle et les pommes de terre et un douzième des champs en jachère, il faut 17 $\frac{1}{2}$ hect. de prés. Ainsi avec 100 hect. de terre, le trèfle remplace 10 hect. de prés et les pommes de terre 5 $\frac{1}{2}$. On pourrait donc dire que le trèfle et les pommes de terre, dans les lieux où on les cultive ensemble, ont gagné à la charrue la septième partie des terres labourables.

Nous voyons encore que, malgré ces deux puissans secours, l'agriculture triennale ne peut pas se soutenir réduite à ses seuls moyens, et qu'il faut encore des secours étrangers, prés ou engrais achetés, et qu'avec tout cela, elle est même au-dessous de l'antique culture *bisannuelle* tant décriée.

Ainsi donc, dans la fâcheuse position où nous nous sommes supposés, avec privation absolue de prés, il n'y a point de salut pour l'agriculture triennale.

Voyons maintenant ce qu'il en est avec la culture alterne, et arrêtons-nous d'abord à l'assolement de six ans, pratiqué sur les bords du Rhin, dans les environs et au-dessous de Cologne.

1re Jachère fumée avec 20 voitures de fumier.

2e Froment, *qui produit de fumier*...... 6600 kilog.

3e Trèfle............................. 8270

4e Avoine............................. 6600

5e Jachère fumée avec 12 voitures....... »

6e Seigle, *qui produit de fumier*......... 7000

                                       TOTAL........... 28470

Égal à 31,63 voitures qui couvrent à peu près les besoins, qui sont de 32 voitures.

Cet assolement peut donc se soutenir sans le secours de prés.

Supposons actuellement un sol plus meuble, plus sec, plus propre à la culture des racines, et qui ait par conséquent moins besoin de la jachère ; nous exigeons, comme de juste, un produit plus considérable, et nous choisissons le cours suivant :

1re Pommes de terre, *qui donnent de fumier* 13230 kilog.

2e Orge............................. 3850

3e Trèfle............................. 8270

4e Froment............................. 6600

5e Vesces............................. 4625

6e Seigle............................. 7000

                                       TOTAL........... 43575

Égal à 48 ½ voitures.

Ce cours exige pour les pommes de terre 36 voitures * de fumier, pour les vesces 18 voitures, total

---

* La raison pour laquelle on exige ici 36 voitures de fumier pour les pommes de terre, et précédemment seulement 30 voitures, est que l'engrais est ici pour quatre années, et précédemment pour trois seulement.

                                    Note de l'auteur.

54 voitures, il en manque donc $5\frac{1}{2}$ ou $191\frac{2}{3}$ pour 100 hectares, ce qui nécessite 18 hectares de prés.

Ce cours ne peut donc se passer de prés. Nous serions dans une position plus favorable, en laissant les deux dernières années, pour nous en tenir à l'assolement connu de quatre ans, il ne nous faudrait alors que 36 voitures de fumier, nous en obtenons $35\frac{1}{2}$; le déficit ne serait donc que de $\frac{1}{2}$ voiture, ou pour 100 hectares, $12\frac{1}{2}$ voitures, qui représentent le produit de 2 hectares de pré. Je dis le déficit *serait*, mais on sait que cet assolement tant vanté ne réussit que par exception, et ne peut être pratiqué dans le plus grand nombre des localités, comme nous le ferons voir plus tard.

La conséquence à tirer de ces exemples, est que *ce n'est qu'au moyen de la jachère complète, que la culture triennale et la culture alterne peuvent se passer de prés.* Ceci est encore à ajouter à ce que nous avons dit précédemment en faveur de la jachère.

Pour prévenir tout mal-entendu, nous devons rappeler que la comparaison entre la culture triennale et la culture alterne, avec ou sans jachère, n'a nullement rapport à leur valeur respective sous le rapport du produit; mais qu'il s'agit seulement du fumier qu'elles fournissent, de celui qu'elles exigent, et de montrer quel système de culture doit choisir celui qui, privé de ressources extérieures pour se procurer des engrais, est plus ou moins réduit à ses seules terres labourables.

Dans la quatrième partie, nous examinerons le mérite de chacun de ces systèmes de culture en lui-même.

Il est bien entendu que les produits en paille et en fourrage, de même que la quantité d'engrais nécessaire, ne peuvent être partout les mêmes que dans les exemples que nous avons cités. Mais j'ai dû m'arrêter à un sol donné, et j'ai pris celui que j'avais sous les yeux, et qui est un peu au-dessus des terrains médiocres. Ce que j'ai dit pourra donc aider à établir des calculs semblables, mais non servir de règle générale.

J'ai encore supposé dans mes calculs, qu'aucune partie des déjections du bétail n'est perdue, et que le fumier est convenablement gouverné ; mais comme il est impossible qu'il n'y ait pas de perte avec les bêtes de travail, il faut déduire la moitié du fumier produit par elles ; d'où il résulte qu'à peine il existe un système de culture, quel qu'il soit, qui puisse entièrement se passer de prés naturels.

QUATRIÈME PARTIE.

EXEMPLES ET DÉVELOPPEMENS DES DIVERS SYSTÈMES DE
CULTURE.

Les circonstances font les assolemens.

Toutes choses, excepté celles qui nous viennent
immédiatement d'en haut, se règlent selon le temps et
les circonstances, et ne sauraient être soumises à une
loi générale. Cela est surtout vrai pour l'agriculture
et ses divers assolemens. Nous ne cultivons pas comme
nos ancêtres, ceux-ci ne cultivaient plus comme leurs
devanciers, et nos neveux ne cultiveront point comme
nous. L'agriculture des plaines ne saurait convenir aux
montagnes, pas plus que celle d'une terre compacte,
froide et humide, à un sol léger, sec et chaud ; de
même une terre fertile peut supporter beaucoup plus
de culture qu'une autre de mauvaise qualité. D'après
cela, il ne faut pas attribuer tout ce qui se passe en agriculture seulement au hasard, à l'obstination, à l'ignorance, ou au défaut de combinaison. L'inexpérience
peut bien donner lieu à quelques méprises, mais bientôt elle est remplacée par l'expérience qui corrige les
erreurs. Si quelqu'entêté résiste à ses leçons, il n'en est
pas de même du plus grand nombre, et c'est toujours
lui qui finit par entraîner les autres.

Cependant il ne s'ensuit point que nous devions, par
ces considérations, approuver toute routine, et croire
qu'un assolement, parce qu'il est établi dans une con-

trée , soit par cela seul le plus convenable. Les circonstances ont pu changer depuis son introduction , sans qu'on ait songé à améliorer , ou à modifier des procédés sanctionnés par l'habitude. Le chemin battu paraît presque toujours le meilleur , parce qu'il est plus connu et par conséquent plus commode ; l'homme d'ailleurs n'aime point en général à dépasser les bornes de ses propres lumières. Cependant peu à peu tout se modifie selon le temps et les circonstances. Ainsi , dans certaines contrées , l'augmentation de population a agrandi la carrière , ou lui a donné une direction nouvelle ; la découverte de nouveaux produits tels que le trèfle et la pomme de terre ont facilité la marche , tandis que les besoins toujours croissans et l'augmentation des impôts ont nécessité des changemens dans les anciennes méthodes. C'est ainsi que l'histoire de la culture s'unit à celle des peuples. Nulle part cette réunion n'est plus visible que dans les divers changemens que les systèmes d'agriculture ont éprouvés ; pour pouvoir convenablement les apprécier il est nécessaire de dérouler les fils de ces deux histoires en même temps, ainsi que nous nous proposons de le faire ; cependant de telle sorte que l'histoire des peuples ne serve que de guide et soit par conséquent accessoire. Elle nous fera connaître sept époques différentes , qui se sont succédé dans le mode de culture ou de jouissance de la terre.

La première époque est celle du système pastoral pur , où l'existence et la fortune de l'homme ne reposaient que sur ses troupeaux , et par conséquent sur la pâture : *à pecu , pecunia.*

La seconde époque est celle du système pastoral mixte dans lequel , selon le temps et les circonstances , on intercalait quelque culture de céréales, mais sans règle fixe, et en accordant peu ou point de soins à la pâture et à la culture.

La troisième époque est celle de la culture alterne ou du système pastoral mixte perfectionné. La pâture et les céréales se succédaient alternativement dans un ordre constant et régulier, et tous deux étaient convenablement soignés.

La quatrième époque est celle de l'assolement biennal dans lequel la terre ne produit que de deux années l'une, et qui alterne constamment entre la jachère et les céréales.

La cinquième époque est celle de l'assolement triennal. Ici la culture des céréales devint entièrement distincte de celle des herbages, et une place particulière fut assignée à chacune. Ce système ne peut donc exister sans un secours considérable en prairies naturelles.

La sixième époque est celle de l'assolement triennal perfectionné, dans lequel les plantes fourragères, et entre autres le trèfle, remplacent une partie de la jachère, et qui, s'il ne peut entièrement se passer de prés naturels, en a cependant un moindre besoin que le système triennal primitif.

La septième époque enfin est celle des assolemens.

En alternant entre la culture des céréales et celle des plantes fourragères, on cherche à établir l'équilibre entre les récoltes épuisantes et les récoltes améliorantes, de manière à pouvoir, au besoin, se passer du secours des prairies naturelles.

En parcourant avec le lecteur les différentes époques de l'agriculture, je lui présenterai, pour chacun de ces divers systèmes, des exemples d'assolemens, non pas imaginaires, mais réels, et dont j'ai acquis la connaissance dans mes nombreux voyages ; j'y joindrai des citations de quelques hommes de mérite, tels que Arthur Young et Marshall, de manière à compléter, autant qu'il me sera possible, l'étude de la science agricole. Mais comme, pour éviter les erreurs et les fausses applications, il n'est pas suffisant de savoir ce que font les autres, et qu'il est encore nécessaire de connaître leur manière de procéder, j'aurai soin, lorsque les circonstances l'exigeront, de donner au lecteur des éclaircissemens qui le mettront en état de juger si sa position a du rapport avec celle dont il sera question.

PREMIÈRE SECTION.

DE L'AGRICULTURE PASTORALE.

La terre n'étant point destinée seulement à l'entretien de l'homme, mais aussi à celui des animaux, ces derniers, par suite de leur plus prompte reproduction, en furent les premiers en possession ; mais l'homme, mettant à profit les droits que la Providence lui avait donnés sur eux, s'en empara pour son entretien. Il contracta par là l'obligation de leur accorder quelques soins, et de leur procurer la nourriture que la nature leur refuse à certaines époques, pendant l'hiver par exemple.

De ces besoins et de ces services réciproques, naquit le système pastoral primitif, le plus facile, le plus simple, le moins coûteux, et par conséquent le plus productif de tous. Ayant précédemment émis une opinion peu favorable à l'éducation des bêtes à cornes, que je ne considérais que comme des machines à engrais, et persistant de plus en plus dans cette opinion, je dois ici m'expliquer pour ne point paraître en contradiction avec moi-même : en effet autre chose est de nourrir des animaux pour leur propre produit, ou de les entretenir comme accessoire de l'agriculture. Dans le premier cas toutes les dépenses de culture sont épargnées ; dans le second elles tombent à la charge des terres cultivées, et comme ces frais absorbent toujours la plus grande partie du produit brut, il s'ensuit que, par suite de leur économie, dans une agriculture pastorale, comparée à une agriculture de terres arables, la rente du sol étant déduite, presque tout est produit net. La preuve en est évidente par l'aisance des contrées qui s'adonnent encore à l'agriculture pastorale, telles que la Suisse, la Hollande, le pays de Limbourg et d'autres qui me sont inconnues. La rente des terres y est aussi plus élevée qu'ailleurs. L'agriculture pastorale est surtout avantageuse dans les pays où le manque de population élève le prix de la main-d'œuvre, où la nature du sol rend la culture difficile et souvent même impossible, comme au revers des hautes montagnes, et où des inondations fertilisantes favorisent la croissance des herbages. Dans ces dernières contrées on s'adonne principalement à l'engraissement, dans les autres à la fabrication du beurre et du fromage, mais surtout à cette dernière, que l'on considère comme plus avantageuse que l'autre.

Dans les contrées basses et les terrains d'aluvion, outre l'engraissement, on se livre à l'éducation des gros chevaux, comme sur les côtes de la Flandre occidentale ; ou à élever des bêtes à cornes, comme dans la Hongrie où la laiterie est négligée. Les montagnes dont la pente est trop rapide et dont les pâturages sont maigres, servent à entretenir des moutons. Dans tous ces cas le foin est la seule nourriture d'hiver. La paille y manque souvent entièrement, de là une construction particulière des étables, et le parc pour les bêtes à laine. N'ayant jamais examiné en détail ces divers genres de culture pastorale, je ne puis rien en dire qui me soit connu par ma propre expérience ; je me bornerai donc à rapporter ce que je sais des pâturages d'engrais, quoique ces détails n'appartiennent guère à un traité d'assolement, mais comme ils ne sont pas sans utilité, et que je ne saurais où les placer ailleurs, je les rapporterai ici.

Situation des pâturages d'engrais.

Les pâtures grasses existent communément aux bords peu élevés des rivières dont le cours est très-lent. Elles produisent un fourrage abondant et nourrissant. Les pâturages des vaches laitières sont plus élevés et couverts d'une herbe fine tout aussi nourrissante, mais moins abondante. Le sol des meilleurs engrais est ordinairement une terre d'aluvion dont la fertilité est encore augmentée par le limon qu'y déposent les inondations. L'herbe de ces pâturages est d'autant plus abondante que l'eau les recouvre plus long-temps pendant l'hiver ; mais aussi les inondations intempestives, ou celles qui ont lieu pendant l'été, y causent beaucoup de dommage, et mettent, lorsqu'elles durent quelque temps, l'engraissement dans un grand embarras. Par ces causes on cherche à se procurer, outre les engrais, quelques pâturages plus élevés, destinés aux vaches laitières. Celui, par exemple, qui possède un pâturage bas, pour vingt bêtes, tâche d'y ajouter un autre pâturage plus élevé pour dix bêtes, mais où il n'en met que cinq afin d'avoir un secours assuré pour tout le troupeau, en cas de besoin.

Récolte des pâturages.

Quelque productifs que soient les pâturages gras, ils ne peuvent supporter d'être souvent fauchés. Si on les soumettait à cette opération plusieurs années de suite, il est certain qu'ils dépériraient. Ils donneraient à la vérité une herbe, très-haute, mais la terre perdrait sa consistance, l'herbe courte, qui garnit le fond, disparaîtrait, les tiges seraient plus rares, plus grossières et ne donneraient plus ce bon foin, que produisent les prés alternativement fauchés et pâturés. Il y a même de ces prairies qui, soumises plusieurs années de suite à l'action de la faulx, se dégarnissent et ne veulent plus ensuite se regasonner. La plupart des prairies basses ne peuvent même être fauchées deux ans de suite et à plus forte raison celles qui sont élevées, on ne doit y revenir, pour les premières, que tous les quatre ans, et pour les autres tous les cinq ans. Il ne faut donc point, soit par le prix élevé des bêtes au moment de garnir les pâturages, soit par la chèreté du foin, se laisser entraîner à faucher trop souvent. Les propriétaires connaissent les conséquences de cet abus, et s'en garantissent par une clause expresse de leurs baux avec les fermiers.

Cependant vers la mi-juin, on fauche sur un tiers, ou même sur une moitié du pâturage, l'herbe que le bétail n'a pas mangée. Quatre à cinq semaines après on fauche le second tiers, et plus tard le reste. Par ce moyen les bêtes trouvent de la pâture de trois âges différens. Elles préfèrent la plus jeune par un temps sec, la moyenne par un temps humide, et restent ainsi constamment en santé et en appétit. Cette opération procure d'ailleurs une abondante récolte de foin pour les bêtes destinées à passer l'hiver, et à être engraissées l'année suivante; elle contribue aussi à la destruction des mauvaises herbes, entre autres des chardons, que les bêtes ne touchent pas, et dont la semence se se-ait répandue.

Étendue des pâturages.

Pour indiquer quelle étendue de terrain est néces-saire à l'engraissement d'une pièce de bétail, il faut avoir égard à la nature du pâturage et au poids de l'animal. Si on prend pour base le poids ordinaire des vaches, 350 à 400 livres (ce sont communément des vaches que l'on engraisse), et que la pâture soit bonne, c'est-à-dire, ni trop sèche, ni trop humide, 38 à 40 ares peuvent suffire, tandis que pour une vache laitière il en faut 50. Le rapport est d'environ quatre à cinq. Au commencement la bête à l'engrais mange autant que l'autre, mais bientôt son appétit di-minue, tandis que celui de la laitière reste le même. Soixante à soixante-dix ares d'un terrain médiocre, sont nécessaires à l'entretien d'une vache laitière, et un hectare d'un mauvais pré suffit à peine. Je répète que le poids de l'animal doit être pris en considération. Cinquante ares d'une bonne pâture sont exigés pour une bête qui peserait maigre 400, et grasse 500 livres.

On ne met sur un pâturage ni plus ni moins de bêtes qu'il ne peut en engraisser dans le courant de l'année. Il semblerait qu'on peut les faire passer d'un enclos dans un autre, mais on ne s'en est pas bien trouvé. Elles mangent d'abord outre mesure dans le nouveau pâturage, mais bientôt elles s'en dégoûtent, et dans l'attente d'un meilleur elles le gaspillent, et dépérissent, si on ne les fait de nouveau changer.

On préfère les grands enclos aux petits; cependant on évite de les faire par trop grands, parce que les bêtes y foulent à proportion plus d'herbe et s'y fatiguent davantage. Dans les petits elles ne se trouvent pas assez à l'aise, ce qui paraît ne leur point convenir. Dans les pays où on engraisse de fortes bêtes, on regarde les enclos qui peuvent en contenir 12 à 15 comme les meilleurs; ainsi ils ont huit à neuf et demi hectares. La même étendue est également préférée pour les bêtes de petite taille, mais alors on y met de 20 à 25 vaches, nombre qui convient aussi pour le taureau qu'on leur donne. On tâche autant que possible qu'il y ait de l'abri contre le soleil, et une libre entrée dans la rivière, ou un abreuvoir.

Choix et élève des bêtes destinées à l'engraissement.

Les bêtes destinées à l'engraissement sont ou élevées par l'engraisseur ou achetées par lui, ce qu'il fait ordinairement à l'automne, époque à laquelle elles sont presque toujours à meilleur marché. La nourriture d'hiver se compose de foin et de paille hachés ensemble et d'un peu de tourteau d'huile. On les abreuve d'eau fraîche, et on les tient en général le mieux possible. L'engraisseur évite de les acheter dans les contrées où elles sont nourries l'été à l'étable; ces bêtes élevées mollement supportent mal les intempéries et le séjour en plein air pendant la nuit.

Lorsque l'engraisseur fait lui-même des nourris, les bêtes qu'il élève étant destinées à rester nuit et jour en plein air, il ne conserve que les veaux nés pendant les mois de janvier et février, et au plus tard pendant le mois de mars; ceux qui viennent après ne soutiendraient pas bien la première année d'une pâture non interrompue; ceux qui sont nés les premiers restent donc les meilleurs. On les nourrit au lait jusqu'au moment où commence la pâture. Peu à peu le lait qu'on leur donne est écrèmé davantage, jusqu'à l'âge de six semaines, époque à laquelle on ne leur donne plus que le lait caillé dépouillé de toutes ses parties butireuses, et mêlé d'un peu de farine de graine de lin ou de pain de seigle. La première année les veaux jouissent de la meilleure pâture conjointement avec les bœufs. On évalue qu'il en faut la même étendue à quatre veaux qu'à un bœuf. La seconde année ils ont une pâture moins bonne. C'est à quatre ans qu'il est le plus avantageux d'engraisser les bêtes que l'on a élevées. Il en est peu que l'on engraisse dès la troisième année, et encore moins que l'on conserve jusqu'à cinq ans. Les veaux mâles sont taillés à six semaines.

Les vaches doivent être saillies trois à quatre mois avant l'engraissement, sans cela elles prennent mal la graisse. On leur donne à cet effet, à l'époque convenable, un taureau qui ensuite est taillé, et s'engraisse avec elles.

La vente des vaches pleines ne souffre aucune difficulté, les bouchers connaissant l'usage.

Mise en pâture et produit.

A la mise en pâture, il faut observer que les bêtes

ne changent point de pâturage , et comme elles doivent conserver le même jusqu'au moment où elles sont livrées au boucher, on doit calculer à l'avance combien l'enclos peut en engraisser. Ce nombre ne doit pas être dé-passé , tant dans l'intérêt des bêtes , que dans celui de la pâture elle-même , dont le gazon souffrirait alors beaucoup, les bêtes étant obligées de le brouter de trop près. Mais on ne doit pas non plus rester en dessous du nombre voulu , parce qu'alors les bêtes choi-sissent les plantes qui leur conviennent le mieux , et rebutent les autres qui finissent par se propager, et nuisent au pâturage. Le sol perdrait aussi en engrais.

L'engraissement commence au 1er mai, et dure, jour et nuit , jusqu'à la fin d'octobre , lorsque les bêtes sont maigres , et qu'elles doivent devenir très-grasses. Mais, lorsqu'en arrivant au pâturage elles sont en chair, elles peuvent déjà être vendues vers la fin de juillet, et remplacées par d'autres , qui , jusqu'à la Saint-Martin, n'engraissent à la vérité pas complétement, mais sont cependant très-bien en chair.

Sur un très-bon pâturage, une vache de 400 liv. peut être amenée à 5oo ou 525 livres. Un bœuf de 400 peut atteindre 6oo. Des bœufs plus forts arrivent à 8 et 9oo livres. Le loyer d'un pâturage se paye de 40 à 48 f. par tête de bétail. Si la bête a coûté 5o florins (107 fr.) de prix d'acquisition , elle peut être revendue 8o florins (171 francs).

Appréciation des pâturages.

L'herbe des terres légères n'a pas, en général, la même qualité nutritive que celle des sols compactes. Tous les engraisseurs savent que la pâture d'un sol argileux , quoique plus courte, engraisse plus promptement que celle d'une terre légère.

Les pâturages de terres friables produisent une grande abondance d'herbe au printemps, mais pendant peu de temps; tandis que ceux des terres fortes sont, à la vérité, plus tardifs, mais durent plus long-temps.

Dans les années humides, les pâturages en terre légère sont préférables à ceux en terre forte. Les derniers exigent bien plus de chaleur au printemps pour se débarrasser de la surabondance d'humidité de l'hiver, mais aussi ils redoutent moins la sécheresse de l'été.

Quand les prés à fonds sablonneux ou graveleux sont susceptibles d'être arrosés, il n'y a point de doute qu'ils ne produisent plus d'herbe que les prés des terres compactes, mais cette herbe n'est pas aussi nourrissante.

Il serait extrêmement avantageux pour un engraisseur, de posséder ces deux espèces d'herbages, afin d'avoir pâture hative et pâture tardive; l'une pour les temps humides, l'autre pour les sécheresses.

Lorsque l'on veut entretenir un pâturage en bon état, il faut y laisser le bétail, non-seulement le jour, mais encore la nuit, afin de ne lui point faire perdre d'engrais. Quelques personnes, qui utilisaient leurs pâturages pour l'engraissement des moutons, ayant fait parquer ceux-ci sur les terres cultivées, ont fait beaucoup de tort à leurs engrais, et ont dû changer de méthode.

DEUXIÈME SECTION.

Agriculture pastorale mixte.

§ 1. PATURE SAUVAGE.

Le système pastoral pur n'étant praticable que sur

une grande étendue d'un terrain dépeuplé et jouis-
sant de la faculté de produire de la pâture abondamment, a dû nécessairement être restreint à mesure
de l'accroissement de la population, la vie nomade a dû
prendre en même temps un terme, la propriété pu-
blique être partagée et devenir propriété particulière.
Le bétail d'ailleurs ne pouvait plus suffire à l'entretien
d'une population nombreuse, parce que l'homme ne vit
pas uniquement de viande et de lait, ou, comme l'habi-
tant des Alpes suisses, de serai, mais qu'il a aussi besoin
de pain.

On défricha donc peu à peu une partie des pâturages, on s'adonna davantage à la culture des céréales,
et on restreignit l'élève du bétail dans la même pro-
proportion. Chaque chef de famille se réserva une
partie du territoire comme héritage transmissible,
tandis que le surplus, qui était de beaucoup la portion la
plus considérable, resta en commun pour en jouir
comme pâturage. C'est ainsi que prit naissance le système des *communaux*. Quelquefois la communauté
se réservait la jouissance de la pâture, après moisson,
sur les terres partagées; sans doute alors que les partages avaient trop restreint la pâture commune. De là
les servitudes et la vaine pâture, tristes restes de la
vie nomade, dont nous éprouvons encore les mauvais
effets, malgré les changemens que le temps a intro-
duits dans l'agriculture, parce que nous manquons de
bons principes d'économie politique, ou parce que
ces abus trouvent des défenseurs ardens dans ceux qui
en jouissent, tandis que ceux qui doivent les attaquer
ne sont pas toujours désintéressés *.

____

* L'auteur parle ici de l'Allemagne.

Quelquefois aussi les partages ne se faisaient que pour un temps limité, au bout duquel le tout rentrait dans la masse commune, pour être de nouveau partagé après quelques années. La portion redevenue commune servait dans l'intervalle de pâture. Quand cet intervalle était long, la terre pouvait de nouveau se couvrir de gazon, mais quand il était court, la pâture n'acquerrait que peu de valeur, rien n'ayant été fait pour l'amélioration du sol. La première de ces deux méthodes existe encore dans beaucoup de contrées, surtout dans les pays de montagnes, où les terrains ainsi traités sont désignés sous le nom de terres sauvages, terres à écobuer. Je n'ai rencontré la seconde, celle à courts intervalles, sans contredit la plus monstrueuse de toutes les agricultures, qu'en Westphalie, et cela, non comme on pourrait le croire, sur des champs éloignés, ou de mauvaise qualité, mais sur des terres excellentes, d'une culture facile, et dans le voisinage immédiat des villages. A raison de sa rareté, je donnerai ici quelques détails sur cette coutume barbare.

Habitué qu'on était à la pâture commune, on pensa sans doute ne pouvoir s'en passer. En conséquence on se la réserva, même sur les héritages. Le propriétaire ne put en jouir que durant 4 à 6 ans, à l'expiration desquels, la terre dut servir, un pareil nombre d'années, de parcours au troupeau commun, en supposant qu'elle put encore produire autre chose que des chardons et toutes les autres mauvaises herbes qui se contentent d'un sol épuisé. Bien entendu que ces demi-propriétaires ne mettaient que peu ou point de fumier dans leurs terres pendant leur précaire jouissance. Un pareil ensemble de choses est à peine

imaginable. Comme exemple d'une méthode à pros-
crire , je rapporterai l'assolement de douze ans auquel
ces terres sont soumises : 1re seigle, 2e seigle, 3e seigle ,
4e avoine , ou pommes de terre un peu fumées , 5^e
avoine ou pommes de terre non fumées , 6e seigle ; de
la 7e à la 12e pâture. Et quelle pâture! L'habitude de ces
changemens continuels était tellement prise , qu'on ne
songea point , dans certaines contrées (entre Sarre
et Moselle), à les supprimer, lorsqu'il ne fut plus question de pâture , comme il arriva après l'introduction du
trèfle , quoique chacun désirât conserver la jouissance
du même champ. Ce n'était plus un passage de terres
arables , mais seulement un changement de terres arables , ou , pour mieux dire , un mutuel échange entre
le champ et son précaire détenteur , échange dont le
sort était l'arbitre. Le propriétaire n'avait droit qu'à
une même étendue , mais non sur le même terrain.
Les habitations seules , mais pas toujours le jardin y
attenant , n'étaient point soumises aux caprices du
sort. Quelqu'aventureux que doive paraître un tel système de propriété , il est un modèle de sagesse en
comparaison de celui qui existe en Westphalie , et dont
nous avons parlé plus haut. Lorsque chacun peut espérer
que le hasard le rendra de nouveau propriétaire mo-
mentané du même champ , il est intéressé à le maintenir dans un état au moins supportable. Et personne ne
possédant de terre en propriété réelle , l'engrais ne
peut être distrait et revient toujours au champ auquel
il appartient. La rotation que chacun devrait suivre
fut fixée d'avance , et n'est rien moins que mauvaise.
Je l'indique ici , quoiqu'elle n'appartienne pas au système pastoral mixte.

1re Jachère morte fumée et chaulée ;

2e Seigle ;

3e Trèfle plâtré ;

4e Seigle, et dans les terres fortes, blé

5e Pommes de terre ;

6° Orge d'été ;

7e Avoine.

On voit que par leur assolement ces contrées pour
raient servir de modèle à d'autres plus civilisées.

Je prie le lecteur de me pardonner cette digression
qui n'est pas ici à sa place. J'ai pensé que ces détails,
peu connus, pourraient l'intéresser un instant. Reve-
nons à notre objet.

Le partage des terres et leur exploitation par la
charrue, fut le premier pas de la civilisation. L'homme acquit une demeure fixe, et ce *chez soi* lui devint cher. S'il est vrai qu'il se soit assujettit la terre
par le moyen de la charrue, il ne l'est pas moins
que la charrue l'enchaîna à la terre, et que, par là,
l'agriculture pastorale pure s'altéra et s'adjoignit la
culture des terres.

Dans l'enfance où se trouvait nécessairement l'art
de préparer le sol, ou l'agriculture proprement dite,
on ne sut, jusqu'au moment où l'expérience l'agran-
dit, apprécier les engrais à leur valeur. La surabondance du terrain et la fertilité accumulée dans le sol,
par la succession des siècles, les rendirent, dans le
principe, tout-à-fait superflus. On défrichait tantôt
d'un côté, tantôt d'un autre, un morceau d'un gras
pâturage, et la terre ensemencée produisait sans efforts.
On lui laissait ensuite un interval plus ou moins long
pour se recouvrir d'un nouveau gazon.

« Les Germains, dit Tacite, changent leurs champs

avec les années, car ils en ont surabondance. » Cependant, par l'effet de la population, l'espace se rétrécit insensiblement. On ramena alors plus souvent la charrue au même endroit, ou on y séjourna plus long-temps, et la terre, à laquelle on n'avait rien à restituer, ou à laquelle on croyait ne rien devoir, commença à s'épuiser, à se fatiguer de produire des céréales et à demander plus de temps pour se regazonner.

La réunion en villages des fermes primitivement isolées, empira l'état des terres éloignées, en ce qu'elle porta le propriétaire à cultiver constamment celles qu'il avait sous la main, et à n'en point distraire ses soins sans de bonnes raisons. On considéra les terres éloignées, la plupart du temps encore indivises, comme un secours pour l'entretien des autres; on en jouit comme pâturage, en les rompant de temps en temps, pour les cultiver sans fumier pendant plusieurs années de suite, et appliquer la paille qui en provenait aux terres plus rapprochées. Cette manière de procéder, à laquelle on donne, non sans raison, le nom d'agriculture sauvage (*wilde wirthshaft*), parce qu'elle ne fait que prendre sans jamais rien restituer, se rencontre encore dans beaucoup de pays de montagnes, principalement là où les villages sont peu nombreux, et leurs confins très-étendus. En rompant les terres il est souvent d'usage de les écobuer pour en jouir plus vite, surtout quand la couche de gazon est peu épaisse, et le terrain percru de broussailles.

On fait trois récoltes de suite sans fumier : la première de seigle, la deuxième d'avoine et la troisième de pommes de terre.

Quelquefois aussi les pommes de terre précèdent

(174)

l'avoine. Si l'écobuage a été terminé avant la St. Jean,
on sème encore avant le seigle de la navette d'été,
mais aussi alors la terre est épuisée et se refuse à produire, à moins qu'on ne vienne à son secours avec
des cendres. En cet état, le sol est abandonné à la
nature pendant quinze à vingt ans, pour qu'elle voie
à le revêtir d'un nouvel habit que l'homme vient alors
de nouveau lui enlever. Mais détournons nos regards
pour les porter sur quelque chose de mieux.

§ 2. PROCÉDÉS DE L'AGRICULTURE PASTORALE MIXTE
RÉGULIÈRE.

On entend par agriculture pastorale mixte, celle
dans laquelle les herbages et les céréales se succèdent
alternativement, mais seulement à distance de quelques années et non immédiatement d'une année à
l'autre. Ce système n'est mis en pratique que sur des
terres affranchies de toute servitude ; il est suivi avec
soin, d'après des principes fixes, et mérite ainsi le
nom de système. Quelquefois cette culture est liée à
celle des terres sauvages dont il a été question ci-dessus;
la marche en est alors plus facile, mais cependant elle
peut, quoique moins bien, se soutenir par ses propres
moyens.

Une agriculture de ce genre n'a ordinairement pour
prairies que ses terres, et pour terres que ses prairies.
En cela elle diffère essentiellement de l'agriculture triennale dont les terres et les prés sont tout-à-fait distincts,
et de l'agriculture alterne qui est beaucoup plus basée
sur la production de fourrages artificiels que sur les
prairies naturelles; et quoique, dans la rotation de celle-

ci ; on puisse faire entrer des herbages , ils n'y figurent jamais que pendant un an , tandis que dans l'agriculture pastorale mixte, ils durent l'espace de plusieurs années; enfin elle se distingue des deux autres , en ce que celles-ci peuvent adopter la nourriture à l'étable , tandis qu'ici , où tout repose sur la pâture , elle est impraticable.

L'agriculture pastorale mixte , peut être suivie sur les montagnes comme dans les plaines. Nous nous occuperons d'abord de la première.

Agriculture pastorale mixte des montagnes.

Plusieurs circonstances rendent dans les montagnes ce genre de culture profitable, souvent même nécessaire. Le sol y est fréquemment si poreux et si léger , que les racines n'y peuvent trouver un appui solide , et que de fortes gelées les soulèvent. Dans ce cas un repos souvent répété devient indispensable , pour que le piétinement des animaux et la croissance de l'herbe , rendent au terrain quelque consistance. Il y a d'ailleurs des positions si élevées , que les céréales d'hiver périssent sous l'épaisse couche de neige qui les recouvre trop long-temps; ou bien les vents du printemps les détruisent. Les objets en culture y réclament beaucoup d'engrais , et pour s'en procurer il faut avoir recours à la pâture. L'éducation du bétail est ici la chose principale , et on s'y fixerait uniquement si on pouvait se passer du reste.

Si l'agriculture pastorale mixte est nécessaire dans de pareilles circonstances, elle est très-profitable , et souvent indispensable , dans d'autres localités de montagnes, où la terre a une tendance marquée à se

couvrir de gazons. Sa culture est doublement dis-
pendieuse dans de pareilles situations, elle fatigue
les animaux, brise les instrumens de labour, et dé-
dommage mal par ses chétives récoltes, de tant de
dépenses et de travaux. On tire donc une plus forte
rente des terres, en les laissant régulièrement en
friche. Le compte du bétail se charge sans peine
du peu de frais qu'il nécessite, et les animaux portent eux-mêmes au marché une partie de leurs produits, ce qui est d'une grande importance dans les
pays où le marché est éloigné et les chemins mauvais.

L'homme arrive insensiblement sur la trace du
vrai, et l'on peut admettre en agriculture que le
vrai est une conformité de procédés dans des contrées éloignées les unes des autres, dont les habitans
n'ont jamais eu l'occasion de se voir, ni de se com-
muniquer leurs idées. Tel est le cas pour l'agriculture pastorale mixte dans tant de pays de montagnes. Il ne faut donc pas se hâter d'introduire des
changemens dans ceux où on la trouve établie.

Cependant, quoique le système soit le même, les
procédés d'exécution sont différens, suivant les localités. A Winterberg, le point le plus élevé du duché
de Westphalie, le repos de la terre dure de six à
quinze ans. Les meilleurs terrains servent de prairies,
les autres de pâturages. Voici la rotation suivie :

1re Jachère morte. Le gazon est rompu en juin ;

2e Pommes de terre, ou navets, après que la terre a été recouverte d'un demi-pied de fumier ;

3e Seigle d'été, quelquefois aussi de l'orge. Le seigle d'hiver ne
réussit point ;

4e Lin ;

5ᵉ à 10ᵉ Avoine;
11ᵉ à 24ᵉ Friche.

La terre, quoique n'ayant, depuis long-temps, plus reçu d'engrais, se couvre promptement de gazon, à raison du climat et de la faculté graminifère du sol. La durée du repos n'est d'ailleurs pas indiquée par le nombre d'années, mais par différens signes. Lorsque la terre commence à se couvrir de mousse et de bruyère, il est temps de la rompre. Du reste plus le repos dure en l'absence de ces signes, plus la récolte de grains est abondante.

A Brillon les terres restent en friche durant 10 à 15 ans, ensuite elles reçoivent une culture de jachère fortement fumée pour du seigle, et après cela elles portent deux fois de l'avoine. L'on a aussi : 1ʳᵉ *Jachère*; 2ᵉ *Seigle*; 3ᵉ *Pommes de terre*; 4ᵉ et 5ᵉ *Avoine*; de la 6ᵉ à la 20ᵉ *Friche*. Cette agriculture ne peut certainement servir de modèle; pas plus que la suivante, pratiquée à Olpe, où le sol est meilleur et le climat plus doux : 1ʳᵉ *Friche*; 2ᵉ *Avoine*; 3ᵉ *Pommes de terre fumées*; 4ᵉ *Seigle*; 5ᵉ *Avoine*. Les friches servent de prairies, leur durée est de 4 à 6 années, dont les plus productives sont la 2ᵉ et la 3ᵉ. Lorsque le coquelicot s'y montre elles sont rompues, ce qui a lieu avant l'hiver; au printemps suivant on sème l'avoine sur l'ancien labour et l'on herse.

Dans quelques endroits du Westawale la friche ne dure pas moins de six ans et pas plus de huit, à moins que le sol ne soit extrêmement favorable à la production de l'herbe, et qu'il puisse être arrosé par les eaux qui descendent des hauteurs. Elle n'est fauchée qu'une fois l'an et sert ensuite de pâture.

Après qu'elle est rompue on y sème deux fois de l'avoine sans fumier. Lorsque dans d'autres localités, la terre, au bout de sept à huit ans, s'est suffisamment recouverte de gazon, sa surface est enlevée, mise en tas, par couches alternatives, avec du fumier : plus tard on donne un labour, le compact est répandu, et pardessus on sème du seigle qui réussit à merveille. Ensuite quatre à cinq fois de l'avoine.

En Ardenne il y a des terres qui ne peuvent se passer de rester en friche. Elles renferment cependant assez d'argile, mais celle-ci provient de schistes ardoisiers délités, et contient tant de gravier qu'elle n'a aucune consistance. Ces terres sont en tous temps faciles à cultiver, mais elles gonflent tellement par la gelée, qu'elles ne sont pas susceptibles de produire des grains d'hiver. Comme le sous-sol est généralement imperméable, la surface est facilement sursaturée d'eau, mais elle s'évapore aussi vite, et les sécheresses de l'été deviennent très-nuisibles, quand les brouillards, presque continuels, qui couvrent cette contrée, n'en atténuent pas l'effet. Cette terre ne reçoit qu'un seul labour ; un plus grand nombre de façons la priverait de son peu d'adhérence. Quand elle est restée en friche de six à dix ans, on la recouvre de fumier que l'on enterre avec le gazon. On y sème ensuite cinq fois de suite de l'avoine. Lorsqu'on veut y planter des pommes de terre, elles suivent la première année d'avoine, et il faut, dans ce cas, fumer encore plus fort. Elles se trouveraient mieux placées à la première année, si alors leur culture n'était pas si pénible. Lorsque l'on cultive cette terre plus de cinq ans de suite, elle s'ameublit et se détériore tellement qu'elle ne produit plus rien. Un agriculteur de ma connaissance, grand propriétaire de moutons, crut qu'avec une grande abondance de fumier, il pourrait changer la routine établie, mais après quelques essais infructueux, il se vit obligé de suivre, comme les autres, le chemin battu.

L'assolement suivant, quoique peu apprécié dans ce pays (le Wurtemberg), parce qu'il n'y est pas assez connu, est remarquable ; il existe dans une partie de la Forêt-Noire. On verra qu'il est supérieur à celui de tous les autres pays de montagnes dont il a été question :

1 Choux, dani un terrain écobué et fortement fumé. Ils sont destinés à la vente ;

2 Seigle d'hiver ;

3 Lin ;

4 Seigle d'hiver fumé ;

5 Pommes de terre ;

6 Seigle d'été, ou avoine ;

7 Trèfle ;

8 Prairie ;

9 Prairie ou pâturage ;

10 Pâturage.

Selon les circonstances l'assolement est limité à neuf ans, ou continué jusqu'à onze. Dans mon opinion il est extrêmement rationnel, et réunit parfaitement le système d'assolement à celui du pâturage. Il n'y a que deux choses à objecter : la première que l'écobuage exige beaucoup de combustible, dont la dépense cependant peut être couverte par le produit de la vente des choux ; la seconde qu'il est probable que la paille, provenant de trois récoltes seulement de céréales, n'est pas suffisante pour une double fumure, d'autant plus qu'une partie en est fourragée l'hiver. Les habitans emploient pour litière la bruyère et la sciure de bois. Cette dernière provient des nombreuses scieries établies dans la pleine.

Dans d'autres parties de la Forêt-Noire l'assolement est de la 1re à la 4e année, comme ci-dessus, puis

    5 et 6e Avoine,

    7 Pommes de terre ;̄ĵ

    8 Epeautre ou avoine ;

    9 Trèfle ;

    de 10 à 15 ou à 20 Pâturage.

Dans l'agriculture pastorale mixte on peut considérer comme règle :

1° Que les céréales réussissent d'autant mieux que la terre est plus parfaitement recouverte de gazon, ou, en d'autres termes, a été plus long-temps en friche ;

2° Que la terre se regazonne d'autant plus mal, qu'elle a porté pendant un plus grand nombre d'années des récoltes épuisantes ;

3° Que le champ doit rester en friche d'autant plus long-temps qu'il est en plus mauvais état, *et vice versâ ;*

4° Que la culture peut durer d'autant plus que l'on fume mieux ;

5° Que le terrain en friche s'améliore plus par la pâture que lorsqu'on le fauche ;

6° Qu'il s'améliore plus lorsqu'on y laisse les bêtes non-seulement le jour, mais aussi la nuit ;

7° Que ce n'est pas seulement la propension du terrain à produire de la pâture, ou son organisation physique, qui doit faire décider si le nombre d'années qu'il reste en friche sera augmenté ou diminué, mais aussi le rapport qui existe entre le profit net provenant de la culture et celui que rend le bétail ;

8° Que la meilleure manière de commencer le défrichement est de semer d'abord de l'avoine, quand on n'a point de fumier à sa disposition, et lorsqu'on en a, de débuter par une jachère morte pour grains d'hiver.

§ 4. AGRICULTURE PASTORALE MIXTE DE LA PLEINE.

Elle se présente sous un aspect moins sauvage. Sa nécessité peut-elle être contestée, il ne s'ensuit pas qu'elle soit moins profitable. Quand l'industrie de l'homme est d'accord avec la marche de la nature, celle-ci se charge d'une partie de l'ouvrage, et tous deux se rencontrent à mi-chemin. Le travail de la mère abrège d'autant celui du fils ; il diminue les dépenses et augmente les recettes. Cette vérité se montre dans toute son évidence dans l'agriculture en question ; quand toutefois l'avarice de l'homme ne le porte point à trop prendre et à trop peu restituer.

Fût-il vrai que le produit brut d'une semblable agriculture n'équivalût pas à celui d'une autre, où la charrue remue constamment la terre, son produit net n'en dépassera pas moins celui-ci. Divisons, par forme d'exemple, notre sol en dix portions égales, et laissons-en alternativement reposer cinq, qui serviront de pâturage au bétail ; nous épargnerons la moitié de la dépense en attelages, domestiques, instrumens d'agriculture, transport d'engrais, grains de semence, frais et transport de récolte et dépense de battage. Comme ces objets enlèvent au moins les deux tiers du produit brut et ne laissent par conséquent qu'un tiers pour rente nette de la terre, il est probable que le produit de la partie en friche l'emportera sur celui de la partie cultivée. Cet excédent deviendra d'autant plus considérable que les terres seront plus difficiles à cultiver, qu'elles seront plus éloignées, que les attelages et les domestiques seront, comme cela arrive souvent, dans les grosses fermes, dans une proportion inférieure aux besoins. L'avantage que, sous ce rapport, l'agriculture pastorale pure possède sur toutes les autres, l'agriculture pastorale mixte en jouit relativement à l'agriculture de culture (*Reine Ackerwirthschaft*). La conséquence naturelle de ceci est donc que, partout où le sol et le climat sont favorables à la croissance de l'herbe, et où les circonstances ne favorisent pas particulièrement les autres systèmes de culture, telles que le voisinage d'une ville, une population nombreuse, une terre très-fertile, la facilité de se procurer des engrais à bas prix, l'agriculture pastorale mixte mérite la préférence sur toutes les autres, soit agricultures de céréales, soit agricultures d'assolement. Les très-petites exploitations peuvent seules faire exception.

Un autre avantage de l'agriculture pastorale mixte est l'économie de paille qu'elle fait pendant l'été, ce qui la met à même de donner une abondante litière en hiver, ou d'en fourrager une partie : les champs ne perdent pas non plus l'engrais produit pendant l'été, comme cela a lieu avec les pâturages pérennes. Les avantages ultérieurs sont : une plus grande simplicité dans les opérations, plus de facilité dans la surveillance et de liberté dans le choix de l'assolement; man-

que-t-on, par exemple, d'engrais pour fumer complètement une des soles à rompre, ou peut-on l'utiliser d'une manière plus avantageuse ailleurs? on laisse
subsister le pâturage un an de plus au profit du bétail.
La même chose se fait lorsqu'il y a moins d'avantages à
cultiver des céréales, qu'à faire des nourris; ou que
parmi les différens sol, l'un se montre plus propre
à la production des herbes et l'autre à celle des céréales.
L'agriculture peut donc fixer son choix sur l'objet qui
lui promet le plus de bénéfice, sans pour cela inter-
rompre le cours de son affaire, ou y porter le désordre.

Enfin le pasteur mixte (*feld gras wirth*) peut se
décider entre l'éducation des bêtes à cornes et celle
des bêtes à laine. Les terrains en friche fournissent une
herbe, si non aussi abondante que celles des prés, ou
autres terrains constamment en herbes, du moins plus
nourrisante et plus saine, et par là plus convenable
aux bêtes à laine. Lorsque le terrain est sec et léger
il ne peut mieux être employé qu'à cet usage. Trois
hectares d'une bonne pâture de friches suffisent pour
entretenir vingt-cinq moutons, jusqu'après la moisson,
tandis qu'il en faut trente d'un terrain ordinairement
inculte. En général les friches sont plus profitables
en terre légère et sèche, qu'en terre compacte et
humide. Le piétinement des animaux tasse ce sol léger
et le rend plus propre à la culture des céréales.

Malgré les avantages que présente l'agriculture pastorale mixte, il ne faut cependant pas l'adopter aveuglément. Il n'y a point de chose qui n'ait son mauvais
côté; il est bon de le connaître à l'avance.

La première condition de son adoption est la réunion des terres en un seul tenant. Celui dont les

possessions sont éparses, dont les champs sont soumis au fléau de la vaine pâture, ne peut y songer. Le passage d'un autre système, surtout du triennal à celui-ci est difficile, et ne s'opère point sans sacrifices. On ne peut espérer que le terrain en friche se gazonne dès la première année, ni même qu'il le soit complètement la seconde, s'il n'était d'abord dans un très-bon état de culture, et qu'on ait négligé de l'ensemencer en trèfle et fleurs de foin. En outre la culture des céréales en est restreinte ; car le système triennal donnant six récoltes en neuf ans, le système pastoral mixte n'en donne que quatre. Il est vrai que plus tard, quand l'affaire est bien en train, ces quatre récoltes produisent autant que les six autres, du moins sous le rapport du produit net, le travail et le grain de semence y figurant au moins pour un quart ; mais ceci n'a pas lieu la première année, ni même dans le cours de la première révolution, et peut ne commencer qu'avec la seconde. Il reste bien, dès le début, un excédent de paille, mais comme ce genre d'agriculture en réclame moins, cela ne peut être pris en considération.

Il est probable aussi que l'agriculteur triennal, qui serait suffisamment pourvu de prairies et de pâturages, et qui ne pourrait les utiliser d'une autre manière, ou dont les champs et les prés seraient très-fertiles, aurait tort d'embrasser le système pastoral mixte. Les circonstances, je ne saurais trop le répéter, doivent faire les assolemens, et le mieux est souvent l'ennemi du bien.

Nous arrivons maintenant à la citation de quelques exemples spéciaux, uniformes pour le fond, mais différens dans quelques parties de détail.

Le système pastoral mixte peut être complet, ou incomplet. Il est complet, lorsque les terres restent quatre à six ans, ou au moins trois ans, en friche; il est incomplet quand le pâturage ne dure qu'un ou deux ans. Cette dernière méthode existe principalement en Angleterre; la première est en usage dans le Holstein, le Mecklembourg, la Westphalie et la Marche de Brandebourg. Nous les examinerons chacune en particulier.

§ 5. AGRICULTURE PASTORALE MIXTE DU HOLSTEIN.

Cette agriculture n'est pas de création nouvelle, comme celle du Mecklembourg; mais elle est, de même que celle de la Westphalie, la succession des temps anciens. Ecartée par le système franconien, en usage dans les contrées plus méridionales de l'Allemagne, elle n'existe plus que dans les montagnes, et seulement dans les plaines de la partie septentrionale. Le climat humide du Holstein peut avoir contribué à l'y faire conserver. Il est certain que c'est dans ce pays qu'on la rencontre plus fréquemment. Elle y est connue sous le nom de *Koppelwirthschaft* (agriculture des clôtures), à cause des clôtures qui entourent chaque sole. Ces clôtures sont d'un grand avantage, en ce qu'elles favorisent la croissance de l'herbe et facilitent la garde du bétail.

L'assolement est fixé d'après le nombre des enclos, de sorte qu'il est de sept ou huit, et quelquefois de dix ou douze ans. En général on préfère un plus grand nombre d'enclos, parce qu'ils offrent plus de facilité dans le choix de l'assolement, et qu'étant alors d'une moindre étendue , on peut mieux chaque année fumer l'un d'eux , ce qui devient quelquefois difficile quand ils sont grands. L'assolement ne renfermant que les céréales , le trèfle et l'herbe, on a quelques champs séparés pour les autres productions.

Le nombre d'enclos dans lequel on divise une propriété dépend en grande partie de la qualité du sol. Il est proportionné à la fertilité , car plus celle-ci est grande , plus il est permis de prolonger l'assolement. Non-seulement on a égard au nombre de récoltes de céréales qu'il est possible de faire , après une seule fumure , sans trop diminuer la faculté graminifère de la terre ; mais aussi au temps que cette faculté peut durer, sans que le gazon se charge de mousse , de joncs, de genets, ou de bruyères. Sur les terres de qualité inférieure , il est nécessaire de restreindre le nombre des enclos , si l'on n'est pas pourvu de prairies pérennes , afin de n'avoir pas chaque fois un trop grand espace à fumer. D'un autre côté, avec des enclos d'une grande étendue , et par conséquent en petit nombre , la série des années de pâture n'est pas assez considérable , et la terre n'a pas le temps de se reposer, c'est-à-dire , d'acquérir la consistance nécessaire et d'étouffer le chiendent. Dans les terres fortes un intervalle de trois ans est suffisant ; dans les terres légères il en faut quatre à cinq. Un champ auquel cinq ans de repos ne suffisent point , ne s'améliore pas par un plus grand nombre. Il faudrait une bien bonne terre pour produire en trois récoltes les matériaux nécessaires à la fumure complète d'un enclos , par ce motif il y en a toujours quatre dans une rotation. Un autre extrême serait d'augmenter dans une proportion trop

forte le nombre des enclos ; celui des récoltes de céréales devenant par là plus considérable, elles épuiseraient le sol ; ou bien le terme de la pâture se trouverait
étendu au-delà de son plus grand point d'utilité, et
réduirait la valeur de six enclos à celle qu'en auraient
quatre dans une rotation plus bornée.

La variété qui existe en Holstein dans le nombre des
enclos, en fait supposer une dans les assolemens ;
ceux-ci se trouvent encore modifiés par le caprice du
propriétaire, ou les besoins du pays. Mais toujours on
y voit une jachère morte, avec cette seule différence
qu'elle suit quelquefois immédiatement la rupture du
gazon, et que d'autres fois elle est précédée par une
récolte d'avoine semée sur le premier labour. Précédemment on se permettait de supprimer la jachère
et de la remplacer par une récolte de blé sarrasin ;
mais, ainsi que cela était facile à prévoir, on éprouva
une diminution sensible dans les récoltes de grains
hivernés. Depuis que le marnage est introduit en
Holstein, la jachère précède toute récolte, afin d'avoir
le temps nécessaire pour marner. Ensuite l'on a :

1 Avoine,
2 Jachère fumée,
3 Blé ou seigle,
4 Orge,
5 Avoine,
6 Trèfle à faucher,
De 7 à 10, pâturage.

Ou un assolement de 7 ans :

1 Jachère moitié fumée, moitié marnée,
2 Blé,
3 Moitié orge, moitié seigle,
4 Avoine,

5 Trèfle fauché une fois,

6 Pâturage,

7 Pâturage.

Ou bien une rotation de 9 ans :

1 Jachère moitié marnée, moitié fumée,

2 Blé,

3 Orge,

4 Seigle avec demi-fumure,

5 Avoine,

6 Trèfle,

De 7 à 9, pâturage.

Ou un assolement de 10 ans :

1 Jachère fumée,

2 Blé ou seigle,

3 Orge,

4 Avoine,

5 Avoine,

6 Trèfle à faucher,

De 7 à 10, pâturage.

Je ne me permettrai pas de décider jusqu'à quel point ces assolemens sont rationnels. Ils feraient reculer un agriculteur triennal, mais un belge s'en contenterait ; seulement il remplacerait une partie des grains d'été par des céréales d'hiver et fumerait davantage. Mais l'industrie de Holstein peut-elle être comparée à celle de la Belgique ? c'est une question que nous laisserons indécise. On aura pu remarquer que dans chacun de ces quatre exemples d'assolemens, il y a autant de récoltes de céréales que d'années où la terre est en friche. Les récoltes-jachères, surtout celles qui sont sarclées, se trouvent exclues, parce que leur culture retarderait les semailles des grains d'hiver, ce qui, dans un pays froid, et dans des terres compactes, est extrêmement préjudiciable. Du reste un agriculteur pastoral

mixte a plus besoin de grains et de paille que de fourrage, et sans cette circonstance, il serait possible qu'on
pût cultiver ici les plantes-jachères: cependant leur culture à la houe nuirait à la production subséquente du
gazon. Mais, vont s'écrier les détracteurs de la jachère,
une jachère, une jachère morte! Hé bien soit, qu'ils
la suppriment dans les terres légères, mais qu'ils s'attendent à une diminution, tant en grain qu'en paille,
dans les récoltes de céréales. Pour prévenir tout malentendu j'ajouterai encore que la faculté graminifère
du sol en Holstein est aussi ancienne que les système
de culture auquel il est soumis; et la cause en est à sa
constitution physique et à ses clôtures, puisqu'après
une culture de 4 à 5 ans, il se couvre plus promptement de gazon, qu'un autre sol ne ferait peut-être
en un siècle.

La friche qui se convertit ici en une prairie à faucher,
ne donnerait ailleurs qu'un pâturage médiocre, et ce
résultat ne saurait guère être obtenu sans clôtures; mais
l'établissement d'une clôture, et les soins qu'elle exige
pour arriver à son point de perfection, demandent
du temps et des dépenses. Voudrait-on adopter l'agriculture du Holstein, il faudrait, pendant une longue
série d'années, donner double fumure à la terre, ce
qui ne serait pas faisable sans un secours considérable
en prairies naturelles. Il faudrait, en outre, pendant la
première rotation, restreindre autant que possible le
nombre des récoltes de céréales, et augmenter celui
des années de pâture. Le plus sûr, dans tous les cas,
serait de tenir d'abord des bêtes à laine.

S'il se trouvait un fermier qui voulût entreprendre
ce genre de culture, son propriétaire devrait le bénir

et lui accorder un bail de trente ans. Mais on ne rencontre pas souvent un pareil phénix *.

§ 6. AGRICULTURE PASTORALE MIXTE DU MECKLEMBOURG.

De même que la culture absolue des céréales est difficile dans une très grande ferme, elle devient impossible dans les terres médiocres qui n'ont pas un secours considérable en prairies. Comme ces circonstances se sont probablement rencontrées dans le Mecklembourg, il n'est pas étonnant qu'on ait cherché à changer de méthode, lorsque celle du Holstein y fut connue. Mais l'introduction de cette dernière n'était pas facile. Une agriculture, à laquelle il a fallu plusieurs siècles pour se perfectionner, et dont les champs ont atteint le dernier degré de fertilité, ne se peut imiter : on doit être satisfait d'en pouvoir approcher, et c'est ce que l'on a fait dans le Mecklembourg. La clôture des soles, si utile en elle-même, y eût occasionné des dépenses excessives. On était d'ailleurs incertain sur les résultats de l'assolement à établir, qui pourrait être

---

* Qui croirait qu'en Allemagne, un propriétaire (cependant non, ce n'était pas lui, mais ses agens, habiles scribes et profonds calculateurs agissant en son nom) a pu refuser à un fermier la permission de convertir un mauvais champ en prairie ? Qui croirait que par une clause d'un bail on puisse interdire au fermier la faculté d'enrichir le champ de son propriétaire en le laissant en friche. O mânes d'Arthur, de Marshall et autres célèbres agronomes, que ne pouvez-vous souffler à l'oreille de ces Torys que pour être habile administrateur il faut savoir autre chose que calculer et écrire, et que les écoles d'agriculture ne sont pas instituées pour être sans utilité. Les Anglais qui, du reste, savent juger les avantages matériels d'une chose, ne manquent pas de défendre à leurs fermiers de rompre leurs gazons ; mais empêcher de convertir un champ en prairie, est une idée qui ne viendrait jamais à John Bull, à moins qu'il n'eût droit à la dîme.

de sept, dix, douze ou quatorze ans. En cas de changement, ces clôtures n'eussent été que gênantes ; on les
évita donc avec raison, et, au lieu des enclos du Holstein, on eut les soles (*Schlaege*) du Mecklembourg.

Habitué à l'agriculture triennale, et désirant, selon
le précepte de la sagesse, n'améliorer que graduel-
lement, on ne voulait, et peut-être on ne pouvait,
l'abandonner entièrement, quoique l'on sentît que,
dans les circonstances où l'on se trouvait, il était impossible de la conserver sans modification : on ne fit
donc qu'y réunir ce dont le besoin se faisait sentir
davantage, c'est-à-dire le fourrage, source de production des engrais, au moyen d'une pâture réglée qui
pût en couvrir le déficit habituel.

Ainsi donc si l'éducation du bétail occupe le premier rang dans l'agriculture du Holstein, dans celle
du Mecklembourg c'est la production des céréales. Et
lorsque, dans l'une ou dans l'autre contrée, on s'écarte
de cette règle, ce n'est que momentanément et quand
on y est forcé en quelque sorte par les circonstances.

La réunion de l'agriculture pastorale au système
triennal est clairement mise en évidence dans l'assolement suivant de neuf ans :

1 Jachère,
2 Céréales d'hiver,
3 Céréales d'été,
4 Jachère fumée,
5 Céréales d'hiver,
6 Céréales d'été,
7 Trèfle et pâturage.
8 Pâturage,
9 Pâturage.

En détaillant cet assolement, nous voyons que le

seul changement opéré se trouve dans les 8ᵉ et 9ᵉ
années, qui précédemment étaient en grains et qui
sont maintenant en herbages. Au lieu de six récoltes
de céréales il n'y en a plus que quatre. La question
est de savoir s'il y a avantage, ou en d'autres termes,
si deux récoltes d'herbages peuvent compenser la
perte de deux récoltes de grains? La réponse ne
peut être que restrictive : en effet, l'agriculture triennale avait-elle, en bonnes prairies naturelles, un
secours tel que, pour les mauvaises terres, il fût des
trois cinquièmes, pour les moyennes des deux cinquièmes, et pour les bonnes d'un cinquième, de
manière à produire assez d'engrais pour fumer tous
les trois ans la jachère? ou bien l'engrais n'était-
il suffisant que pour fumer une fois et demie en
neuf ans? ou enfin ne pouvait-on peut-être fumer
qu'une seule fois pendant tout ce temps? Dans le premier cas, l'avantage en faveur de l'agriculture triennale est incontestable, car elle récolte deux fois du
seigle après jachère, et une fois du blé après trèfle,
tous trois fumés. Dans le second cas l'avantage paraît être compensé; mais dans le troisième, il est
évidemment du côté du système pastoral mixte.
Celui-ci a même la prépondérance dans le second
cas, si le sol n'est pas favorable à la production du
trèfle, et qu'on utilise la pâture avec des bêtes à
laine. Bien entendu que toutes ces comparaisons ne
peuvent être qu'approximatives, car quelle influence
n'exerce pas sur elles la faculté plus ou moins grande
qu'à le sol à se couvrir de pâture. Enfin il ne faut
pas perdre de vue que le système pastoral mixte lui-
même ne peut entièrement se passer de prairies
pérennes.

L'assolement suivant de sept ans est préféré à celui de neuf :

1 Jachère fumée,
2 Céréales d'hiver,
3 Orge,
4 Avoine et pois,
5 Trèfle et pâturage,
6 Pâturage,
7 Pâturage.

Sous le rapport des céréales d'hiver, le dernier est au premier comme 9 est à 14, et sous celui des céréales d'été, comme 18 est à 14 ; et la valeur d'une récolte des premières étant à celle d'une récolte des dernières comme 11 est à 7, il s'ensuivrait que la valeur des céréales de l'assolement de 9 ans est supérieur d'un dixième à celle de l'assolement de 7 ans, dans la supposition qu'une jachère non fumée puisse donner le même produit qu'une jachère fumée ; mais comme cela n'est pas admissible, il se pourrait au contraire que le dixième en plus se convertît en un dixième en moins, et que comme l'assolement de 7 ans a un trente-unième de plus de trèfle et deux trente-unièmes de plus de pâture, ce ne soit pas sans motifs qu'on lui accorde la préférence sur celui de 9 ans.

La comparaison n'est pas aussi favorable à l'assolement de 8 ans, relativement à celui de 7. Il a, à la vérité, quatre huitièmes de trèfle et pâturages, mais seulement trois huitièmes de céréales.

Il n'y a qu'un très-bon sol, ou une terre marnée qui puisse donner en 7 ans quatre récoltes successives de grains, en réduisant à 2 ans le trèfle et le pâturage. L'assolement serait donc :

1 Jachère fumée,

2 Colza,
3 Blé,
4 Orge,
5 Pois et avoine,
6 Trèfle pâturé,
7 Pâturage.

Pour les mauvaises terres l'on augmente le nombre des soles, ou, en d'autres termes, on prolonge la pâture ; non que cela offre quelqu'avantage, mais parce que l'on est hors d'état de fumer une sole plus considérable : ceci a également lieu lorsqu'on n'a que peu, ou point de prairies. Si la pâture était plus abondante, on sentirait peu la privation des céréales, lesquelles ne reviennent que quatre à cinq fois en 12 ans, et on ferait du bétail son principal revenu ; mais, à l'exception des pays de montagnes, ce n'est pas le cas pour les terres médiocres. Il est douteux que la production des herbages dans le Mecklembourg puisse jamais atteindre celle du Holstein, et que l'agriculture de ce dernier n'ait pas toujours quelque prépondérance sur l'autre. Ce qui est le produit de la succession des temps ne peut être créé en quelques années.

Les agriculteurs du pays pourraient le mieux juger si les assolemens du Mecklembourg ne seraient pas susceptibles de recevoir une distribution plus rationnelle. Il paraît peu convenable à un étranger que le trèfle n'arrive qu'à la 4ᵉ année, quand la terre a déjà été épuisée par trois récoltes successives de grains. Dans d'autres contrées il n'y a que sur de très-bonnes terres qu'on pourrait, avec une méthode pareille, espérer d'obtenir du trèfle susceptible d'être fauché deux fois. Si la même chose a lieu dans le Mecklembourg, ce serait une preuve que ce système ne peut exister sans une addition considérable de prairies, qui fourniraient le fourrage nécessaire pour l'hiver. Mais alors un seul but, celui de se soutenir par lui-même, sans secours étrangers, et par conséquent sans partager son produit net avec d'autres terres, ce but est manqué. Ce n'est donc que par une économie de travail que cette agriculture s'élève au-dessus de l'agriculture triennale, dont elle a pris naissance, et qui lui est encore supérieure à quelques égards.

§ 7. AGRICULTURE PASTORALE MIXTE DE LA WESTPHALIE.

Cette agriculture existe dans une partie de la contrée septentrionale du pays de Munster, où il paraît que les Romains n'ont pas pénétré, et où les Francs ne sont parvenus que très-tard, et sans pouvoir s'y maintenir. Elle est suivie sur de très-bonnes terres, et même des terres fortes. La rotation dure ordinairement 8 ans, desquels les quatre premiers sont assignés au pâturage, et les quatre autres à la culture des céréales. L'assolement est :

1, 2, 3 Pâturage,
4 Jachère, avec 24 voitures à 4 chevaux, de fumier par hect.
5 Seigle,
6 Orge,
7 Méteil,
8 Avoine et trèfle.

Ou sur des terres plus fortes :

5 Blé fumé,
6 Avoine,
7 Blé,
8 Avoine et trèfle.

Et sur de bonnes terres :

5 Orge fumée,
6 Seigle,
7 Pois ou lin,
8 Blé.

Ou bien :

5 Lin fumé,
6 Blé,
7 Pois ou orge,
8 Avoine.

Et sur de mauvaises terres :

6, 7, 8 Avoine.

Toujours, à la dernière année, on sème du trèfle, mais jamais plus de 9 à 10 kilog. par hectare. Ce trèfle sert ordinairement de pâture, et l'hiver on y répand de 180 à 200 charretées de bonne terre. Mais lorsqu'il est destiné à être fauché, on le recouvre pendant l'hiver d'un peu de fumier. On regarde comme certain que le lin, l'orge, le seigle et le blé sont ce que l'on peut lui faire succéder de plus avantageux la première année. Seulement, en rompant les prés, on donne la préférence à l'avoine. Il existe ici d'excellentes terres qu'on ne trouve néanmoins pas trop bonnes pour les laisser en friche. Leur assolement est :

1, 2, 3 Herbages,
4 Blé,
5 Orge ou seigle,
6 Fèves ou pois,
7 Blé ou seigle, l'un et l'autre avec trèfle.

La manière dont cet assolement extraordinaire est traité, mérite une explication. Pendant l'hiver de la seconde à la troisième année, le pâturage est recouvert de limon et de terre : ces substances sont

mises en petits tas et répandues au printemps suivant. La croissance de l'herbe en est accélérée à la
troisième année, et la terre se prépare à recevoir
les céréales. Dans l'arrière-été, lorsque la première
pousse de l'herbe a été broutée par les bêtes, on
répand du fumier d'étable que l'on enterre légèrement avec la couche de gazon. L'on ne herse point,
afin que les sillons restent visibles, et au second labour, la charrue suit exactement la même trace qu'au
premier, mais elle entame la terre plus profondément, de sorte que le gazon et le fumier sont ra-
menés à la partie supérieure, mais recouverts de
la terre du fond. Après cela on sème le blé et l'on
herse. La récolte faite, on donne un labour qui ne
rompt que la partie supérieure du sol; on herse et
on laboure ensuite à la profondeur convenable. L'on
sème, pour la seconde fois, du blé dont les racines,
treuvant la couche de gazon et de fumier ramenée
à la surface, n'ont pas besoin d'autre engrais. A la
suite de cette seconde moisson, les chaumes sont
légèrement retournés (en allemand *geschaelt*, c'est-
à-dire pelés), et s'il est possible cette opération est
répétée. L'on donne encore un second labour avant
l'hiver; au printemps suivant, on herse, on répand
un peu de fumier, on sème des fèves par-dessus,
et le tout est enterré à la charrue. Les fèves sont
suivies de blé, non fumé, et de trèfle qui, le plus
souvent, sert de pâture. C'est ainsi que s'expliquent
des choses qui, au premier abord, paraîtraient impos-
sibles; mais une pareille culture ne pourrait être
suivie sur des terres médiocres. L'assolement de celles-
ci est le suivant :

1 à 4 Herbages,
5 Jachère fumée,
6 Blé,
7 Mélange de vesces et d'avoine,
8 Blé.

Je ne saurais dire si l'on fume à la septième année.
Assolement de mauvaises terres humides :

1 à 4 Herbages,
5 Jachère fumée,
6 Variété de seigle (en allemand : *trespen rocken*),
7 Avoine,
8 Comme à la 6ᵉ année,
9 Avoine.

§ 8. AGRICULTURE PASTORALE MIXTE DE LA MARCHE DE BRANDEBOURG.

Je dois d'abord prévenir le lecteur que je ne connais cette agriculture que par l'excellent ouvrage de M. Koppe, intitulé : Examen des divers systèmes d'agriculture (*Revison der Ackerbau systeme*), auquel, ainsi qu'à son supplément, je renvoie pour plus de détails. Après m'être ainsi mis à couvert de l'accusation de plagiat, je suivrai un si bon guide, sans cependant m'attacher servilement à ses pas.

Le faible produit du trèfle dans quelques parties de la Marche de Brandebourg *, où par conséquent le sol est mauvais, et le peu de moyens qu'on y a de se procurer des engrais étrangers, donna naissance à un genre d'agriculture pastorale mixte, qui se distingue principalement de celle du Mecklem-

---

* M. Koppe en donne une idée en disant qu'il s'estimerait heureux s'il pouvait compter sur une moyenne de 20 quintaux métriques de trèfle sec par hectare.

bourg, en ce que les pommes de terre y occupent la moitié de la jachère fumée pour couvrir le déficit du trèfle. D'après l'opinion de M. Koppe, il est difficile d'obtenir de bons résultats sur un pareil terrain. Le meilleur assolement lui paraît être le suivant, de neuf soles :

1 Jachère,
2 Céréales d'hiver,
3 Céréales d'été,
4 Pommes de terre, jachère fumée,
5 Orge, seigle,
6 Pois, avoine,
7 Trèfle blanc pour pâture,
8 Pâturage,
9 Pâturage.

Cet assolement a donc un sixième en grains d'hiver, deux neuvièmes en céréales de printemps, un huitième en pois, et en tout quatre neuvièmes de paille, ce qui serait trop peu, si l'agriculture n'était basée sur les bêtes à laine, qui en dépensent moins que celles à cornes, lesquelles d'ailleurs ne trouveraient pas ici une nourriture suffisante. Dans les terres un peu meilleures, on fait suivre les pois de la sixième année par du seigle, avec du trèfle blanc, l'on obtient ainsi, il est vrai, un dix-huitième de pâture de moins, mais il est remplacé par un dix-huitième de seigle. Dans ce cas il faut fumer très-fortement les pommes de terre pour que la terre puisse suffire à quatre récoltes épuisantes successives. L'on voit que dans cet assolement, on a voulu réunir le système d'assolement et l'agriculture triennale au système pastoral, les deux premiers n'ayant pu se soutenir seuls. Bien entendu que là où le trèfle ordinaire peut réussir, on n'en néglige point l'usage, et qu'on le sème dans l'orge, ce qui donne pour la sixième année, au lieu de pois, du trèfle à faucher, auquel succède du seigle sur un seul labour. Si l'on supprimait la portion en pommes de terre, orge et pois, l'on aurait exactement l'assolement du Mecklembourg.

Un défaut essentiel de cet assolement est de ne donner à la terre qu'une fumure en neuf ans; mais on fait ce que l'on peut pour y remédier, en intercalant à propos une jachère et demie et trois ans de pâturage. Lorsque l'on obtient un peu plus de fumier, la jachère est fumée ou parquée.

Un assolement de onze soles ne peut exister sans deux fumures; il est ainsi distribué :

1 Pommes de terre et navets fumés,
2 Orge, et la moitié du terrain ensemencé en trèfle,
3 Trèfle à faucher, pois,
4 Avoine, seigle,
5 Jachère fumée,
6 Céréales d'hiver,
7 Céréales de printemps et trèfle blanc,
8 Pâturage,
9 Pâturage,
10 Jachère,
11 Céréales d'hiver.

Sur une terre en assez bon état pour produire, dans les circonstances données, du trèfle et des pois, cette rotation est aussi productive que possible, en l'alliant à la nourriture des bêtes à cornes à l'étable, jusqu'à l'automne. Du reste la pâture serait trop restreinte pour des moutons, à moins qu'on ne voulût la prolonger d'une année, ce qui porterait l'assolement à douze ans.

Un assolement de treize soles est celui qui remédie
le mieux au manque de fourrage :

1 Pommes de terre et navets fumés,
2 Orge,
3 Pois,
4 Seigle,
5 Jachère fumée,
6 Seigle,
7 Céréales d'été avec trèfle ordinaire,
8 Trèfle à faucher,
9 Pâturage,
10 Pâturage,
11 Jachère,
12 Céréales d'hiver,
13 Avoine.

Sept soles fournissent la paille nécessaire, une sole
le trèfle pour la nourriture à l'étable des inévitables
bêtes à cornes, et outre cela du foin ; une sole les
pommes de terre et racines nécessaires à la consommation d'hiver, et enfin deux soles en pâturage et
deux en jachère permettent de tenir un troupeau
assez considérable de bêtes à laine. « S'il est, dit
M. Koppe, une agriculture capable de se soutenir
par elle-même, sur un terrain de médiocre qualité,
sans secours de praires naturelles, c'est celle-ci. Plusieurs fermes de mes environs sont ainsi traitées ; je
connais par expérience les bons résultats de cet assolement, et j'ai la certitude que toutes les grandes
fermes qui l'ont adopté, non-seulement se soutiennent à merveille, mais encore qu'elles s'améliorent
annuellement, ce qui couronne l'œuvre. » J'ajoute
quelques observations, quoique le lecteur les ait sans
doute faites lui-même.

L'agriculture du Brandebourg ne convient que sur les fermes dont l'étendue permet de donner à chaque sole de 15 à 25 hectares.

Elle est principalement basée sur l'éducation des bêtes à laine ; les bêtes à cornes ne sont là que comme accessoires, et parce qu'une agriculture ne peut s'en passer entièrement.

Si l'on voulait s'adonner à la laiterie sur un terrain peu favorable au trèfle, l'engrais produit par les vaches deviendrait indispensable pour leur créer du fourrage, sans qu'il en pût revenir quelque chose aux autres produits.

Un sol pareil ne convient qu'aux bêtes à laine ; les moutons fins peuvent par leur laine seule payer le fourrage, lors même qu'on serait obligé de se le procurer l'hiver à grands frais, et il n'en est pas de même pour la laiterie. C'est une erreur de croire, quoique cette erreur soit partagée par le célèbre Burger, que le fumier des moutons ne conserve pas son activité aussi long-temps que l'autre. Les récoltes subséquentes n'en sont pas plus mauvaises de ce que la première est si riche. Il ne faut donc pas craindre d'adopter un assolement dans lequel les moutons expulsent les bêtes à cornes.

§ 9. AGRICULTURE PASTORALE MIXTE DE LA BELGIQUE.

On devrait à peine s'attendre à rencontrer cette sorte de culture dans un pays où les propriétés sont aussi divisées, où il est si facile de se procurer des engrais étrangers, et où l'industrie a atteint un si haut point de développement. La pénurie des terres force le cultivateur à les attaquer partout, et à les tenir sous la charrue le plus long-temps possible ; bien qu'il leur envie une jachère il ne leur accorde pas même une année de friche. Cependant le besoin fait que l'on abandonne volontiers à l'herbe les fonds humides des contrées sableuses ; mais comme elle n'y est pas de longue durée, on renouvelle de temps en temps la surface par la culture. Après un intervalle de quatre à six ans, le gazon est recouvert de fumier, rompu et ensemencé en avoine et en trèfle : ce dernier est fumé l'hiver suivant, et après la première coupe on y répand des cendres. La seconde coupe sert de pâture. A chacune des années suivantes, la première coupe est convertie en foin et le terrain ensuite pâturé.

Là où le terrain est meilleur et la pénurie de foin moins grande, l'on a :

1 à 4 Herbages,
5 Avoine,
6 Seigle,
7 Pommes de terre ou lin,
8 Avoine et trèfle.

Ou bien :

1 et 2 Herbages,
3 Lin,
4 Seigle,
5 Avoine,
6 Trèfle.

Bien entendu qu'un belge fume pour chacune de ces récoltes, à l'exception des années d'herbages. *De même que c'est une prodigalité de fumer les prairies, c'est une économie bien entendue de donner au sol beaucoup d'engrais avant de le convertir en prairie.*

§ 10. AGRICULTURE PASTORALE MIXTE ANGLAISE.

Arthur Young donne dans son traité des assolemens anglais plusieurs exemples d'assolemens, d'après les rapports parvenus au bureau d'agriculture. J'en rapporterai quelques-uns ici :

Dunes de Berkshire.

1 Turneps sur terrain écobué,
2 Avoine,
3 à 6 Herbages.

Suffolck dans un sable sec.

1 Turneps,
2 Orge,
3 à 5 Pâturages,
6 Seigle.

Dunes de Hampshire.

1 Blé sur terrain écobué,
2 Orge,
3 Avoine,
4 Herbes à faucher (*ray-grass*),
5 Pâturages.

Terre forte de Notts.

1 Jachère fumée,
2 Orge,
3 à 7 Pâturage,
8 Fèves,
9 Blé.

Northumberland.

1 Avoine,
2 Turneps,
3 Orge ou blé,
4 Trèfle avec fleurs de foin,
5 à 9 Pâturage de moutons.

Chester.

1 à 8 Pâturage,

10 et 11 Avoine.

Glasgow.

Depuis plus de 5o ans l'assolement est :

1 Pommes de terre,
2 Blé,
3 à 4 Pâturage,
5 Avoine.

Cet assolement et celui de Northumberland paraissent les meilleurs.

Les sols légers et ingrats, dit Young, doivent être constamment cultivés, et cela de telle sorte qu'ils produisent beaucoup de nourriture pour les moutons. L'assolement suivant remplit ce but :

1 Turneps,
2 Orge,
3 à 5 Pâturage,
6 Blé, orge ou avoine.

Ou bien :

1 à 5 comme ci-dessus,
6 Pâturage,
7 Pois.

Dans le sable, dans les marais ou tourbières desséchés, on a quelquefois :

1 Turneps ou pommes de terre,
2 Orge ou avoine, avec herbes ou trèfle,
3 Prairie à faucher,
4 à 6 Pâturage,
7 Avoine.

Il est reconnu que l'assolement si vanté de quatre ans ne réussit que dans très peu d'endroits. On a cherché à l'améliorer en y ajoutant quelques années de pâturage, et on en a fait l'assolement suivant, qui est parfait pour les sables un peu légers :

1 Turneps mangés sur place.
2 Orge,
3 Trèfle et fleurs de foin,
4 Pâturage,
5 Blé,
6 Orge ou avoine.

M. Cocke a transformé l'assolement de quatre ans en un autre de dix, à cause de la non-réussite des pois, ainsi que du trèfle et du blé qui se fatiguaient de revenir tous les quatre ans. Il a donc :

1 Turneps,
2 Orge,
3 Trèfle,
4 Blé,
5 Turneps,
6 Orge, avec *dactylis glomerata* et autres graminées,
7 à 9 Pâturage,
10 Pois;

assolement très remarquable, dans lequel se trouvent deux pâturages de turneps, trois de ray-grass, et probablement un demi de trèfle.

Arthur Young dit dans son calendrier du fermier, que, pour rétablir une terre appauvrie qui ne peut plus produire, ou qui a été mise en mauvais état par suite d'une culture défectueuse, il n'y a pas de meilleur moyen que de la mettre alternativement en céréales et en pâturages, en abandonnant ceux-ci aux moutons, et qu'au bout de cinq à six ans, le champ paraîtra avoir acquis une autre nature, et étonnera le cultivateur par ses belles récoltes de céréales. Il propose à cet effet l'assolement suivant :

1 Récoltes-racines sarclées et bien fumées,
2 Orge et graminées,

3 à 8 Pâturage,
9 Pois ou fèves,
10 Blé.

Cet assolement que l'on rencontre fréquemment dans le pays de Ruthland, y est trouvé très-avantageux.

En Northumberland on a essayé de plusieurs assolemens, et entre autres de celui de Norfolck, tant prôné de quatre ans, et on n'en a éprouvé que du dommage. Les récoltes diminuaient à chaque rotation, notamment le trèfle et les turneps. Pour rétablir les terres, on les ensemença en trèfle et en graminées, en les abandonnant pendant trois ans aux moutons. On les cultiva ensuite pendant le même nombre d'années. Au bout des trois années de pâturage, les turneps réussirent de nouveau, comme c'est toujours le cas dans un terrain fraîchement rompu, et on gagna beaucoup par la transformation du système d'assolemens, en système pastoral mixte. L'hectare d'un semblable pâturage suffit pour entretenir la première année 17 à 18 moutons; la deuxième 12 à 13, et la troisième 7 à 8 pendant l'espace de cinq mois. Les turneps qui succèdent à la pâture nourrissent 30 moutons pendant le même temps.

Il y a bientôt 200 ans qu'on a reconnu en Angleterre l'avantage de mettre certaines espèces de terres alternativement en céréales et en pâturages ; mais Olivier de Serres nous apprend que cette méthode était pratiquée depuis bien plus long-temps en France.

TROISIÈME SECTION.

AGRICULTURE BIENNALE.

Il y a certaines choses qui, vues de loin ou observées superficiellement, ou bien séparées de leurs rapports immédiats avec les circonstances, nous paraissent absurdes, et qui, prises isolément, le sont effectivement, mais qui méritent cependant d'être justifiées, et qui même arrachent l'approbation de l'observateur impartial. L'agriculture biennale se trouve dans ce cas : condamnable par une mauvaise application, elle est recommandable et utile par un emploi bien entendu.

Jachère, céréales d'hiver, jachère, céréales de printemps, jachère. pois, et ainsi de suite. Voilà certainement un système d'agriculture bien absurde. Cela est vrai sur le papier; mais il faut rechercher jusqu'à quel point cela l'est en réalité. Cette recherche, n'eût-elle d'autre avantage que de rendre quelques jeunes agriculteurs moins prompts dans leur jugement (car de nos jours il prendra difficilement fantaisie à un agriculteur d'assolemens, ou à un agriculteur pasteur, de devenir agriculteur biennal), elle ne serait pas sans utilité.

Cette agriculture, que l'on rencontre encore dans quelques contrées entre Rhin et Moselle, et qui existe également, mais avec certaines modifications, dans le Palatinat, est celle qui paraît avoir pris son origine dans l'agriculture pastorale mixte primitive, c'est-à-dire sauvage. La terre n'est point partout disposée à se couvrir de gazon, et le sera toujours moins à proportion qu'on la cultivera plus long-temps de suite, et qu'on lui restituera moins. Dans ces temps reculés, la restitution était d'autant moindre que l'on possédait une plus grande quantité de terres arables, et que l'étendue des prairies commençait déjà à diminuer : ceux qui élevaient des moutons s'en embarrassaient le moins. Les jachères, surtout celles qui étaient mal cultivées, fournissaient à la pâture de leurs troupeaux. Ceux qui nourrissaient des bêtes bovines parcouraient avec elles les forêts et les pâturages bas. Sans la connaissance des prairies artificielles, et par suite sans engrais suffisant, on se voyait hors d'état de forcer la terre à produire continuellement de céréales : on la fit donc alterner avec la jachère. Cette méthode de culture paraît avoir été celle des Grecs et des Romains *, jusqu'à ce qu'elle fut remplacée chez eux par l'agriculture triennale.

Il est possible cependant que dans d'autres endroits les choses aient eu une marche diamétralement opposée, et que ce soit le système triennal qui ait été remplacé par le biennal; car l'agriculture triennale n'a pu subsister long-temps sur une terre non fumée et dans des pays pauvres en prairies naturelles. En effet, après que la charrue eut insensiblement tout attiré à elle, le manque d'engrais se fit vivement sentir avant l'introduction du trèfle. Au lieu de fumer les champs tous les trois ans, on se trouvait heureux de pouvoir le faire tous les six, et même tous les neuf ans; mais on ne tarda pas à s'aperce-

---

* L'assolement de Virgile est : 1 *Jachère*, 2 *blé*, et ainsi de suite. Columelle le recommande également.

voir que deux récoltes successives de céréales, après une jachère à jeun (*nüchtern brache*), ne pouvait réussir sur un terrain affamé. On se trouva donc contraint de se contenter d'une seule récolte, soit de céréales d'hiver, soit de céréales de printemps, et de faire suivre chacune d'elles d'une jachère morte. Il nous reste à examiner s'il y eut perte ou gain, ou, en d'autres termes, laquelle des deux méthodes mérite la préférence ; mais je dois d'abord prier le lecteur de se transporter en idée à une époque où les prairies artificielles étaient encore inconnues, ou bien dans des localités où elles ne veulent point prospérer, et où l'on manque également de prairies naturelles et de pàturages. Pour rendre la chose plus claire, il est encore bon de faire observer que sous le nom de système triennal, nous entendons la rotation suivante : 1 *Jachère fumée*, 2 *blé*, 3 *avoine*, 4 *jachère*, 5 *seigle*, 6 *orge*. Et par système biennal : 1 *Jachère fumée*, 2 *blé*, 3 *jachère*, 4 *seigle*, 5 *jachère*, 6 *avoine*. D'après cela, l'agriculteur triennal a deux soles de céréales d'hiver, deux de céréales d'été et deux de jachère, tandis que l'agriculteur biennal a deux soles de céréales d'hiver, une seule de céréales d'été, et trois en jachère. Le premier a par conséquent une sole de céréales de printemps de plus, et une sole de jachère de moins. Il s'ensuivrait donc qu'il récolte un peu plus de paille, qu'il fait par conséquent plus de fumier, et qu'il doit produire plus de grains ; cependant cet excédant n'est pas aussi considérable que l'on pourrait le croire. En effet, s'il est vrai que dans le même espace de temps quatre récoltes épuisent plus la terre que trois ; s'il est également vrai que la terre ne se trouve pas, à la suite d'une récolte de céréales, dans une position aussi favorable à une nouvelle production de céréales, qu'à la suite d'une jachère, et que d'après cela une récolte après jachère doit être plus abondante qu'une autre après céréales; il ne restera point de doute que la valeur des deux céréales d'hiver et de la céréale d'été, en six ans de l'agriculture biennale, ne soit équivalente à celle des deux céréales d'hiver et des deux céréales d'été de l'agriculture triennale, quand même celle-ci ne produirait pas un peu plus de paille et par suite un peu plus de fumier que l'autre, quoique cet excédant ne puisse être évalué au-delà d'un dixième. Si donc l'agriculteur biennal a neuf voitures de fumier à conduire dans son champ, l'agriculteur triennal en a dix, et il doit s'attendre également à un dixième de récolte en sus. Mais par la raison contraire, le premier épargne un quart en semence, en frais de moisson et de battage, et ce quart pourrait bien être équivalent au dixième en plus de la récolte. Mais ceci sera hors de doute, si l'on considère que les deux systèmes, ne pouvant se passer de prairies naturelles, le système triennal en a encore un plus grand besoin que l'autre. Je suis donc porté, dans des circonstances aussi restreintes, à donner la préférence au système biennal. Il en serait autrement, si chacune des deux agricultures avait en abondance des prairies naturelles, parce qu'alors l'on est autorisé à exiger davantage de la terre, et que, dans ce cas, l'agriculture triennale peut produire plus que l'autre.

Un grand avantage de l'agriculture biennale c'est la liberté d'action dont elle jouit, tant pour le choix des sujets de culture, que pour l'adoption d'un autre assolement, tandis que l'agriculteur triennal a, sous ce rapport, les mains liées. Il ne peut sortir de son éternelle routine. 1 *Céréales d'hiver*, 2 *céréales de printemps*. Ces entraves sont surtout gênantes lorsqu'il veut embrasser le système des assolemens, ce qui, pour l'agriculture biennale, n'est qu'un jeu, car elle est, dans la véritable acception du mot, une agriculture d'assolemens, puisque jamais deux récoltes de céréales ne s'y succèdent immédiatement. L'on supprime de temps en temps la jachère, et on la remplace par le trèfle entre deux récoltes hivernées, et entre une céréale d'hiver et une de printemps; l'on intercale une récolte sarclée : de cette manière, la métamorphose s'opère et peut toujours s'opérer sans trouble, sans sacrifices. La machine marche comme auparavant; seulement au lieu d'une jachère morte, elle a une récolte-jachère.

L'agriculture biennale a gagné plus que la triennale, par l'introduction du trèfle, des pommes de terre et du maïs. Quand celle-ci place les pommes de terre, les navets, les carottes, les choux, le lin à la troisième année, c'est-à-dire à celle qui est destinée à la jachère, la récolte hivernée suivante en souffre dans la plupart des cas, et cependant elle est l'article principal de toute culture. Une succession de maïs, blé et orge est trop épuisante, avec une seule fumure, pour la plupart des terres; le trèfle ne s'y trouve pas aussi souvent dans une terre propre et vigoureuse, si l'on peut s'exprimer ainsi. Cet inconvénient n'a pas lieu dans l'agriculture biennale, ainsi que quelques-uns des assolemens suivans le feront voir. L'assolement du midi de la France, tant vanté par Arthur Young : 1 *maïs*, 2 *blé* ; celui de l'île de Tanet et de la fertile contrée du Kent oriental en Angleterre, 1 *fèves*, 2 *blé* * ; celui du sol graveleux de Durham et d'une partie du comté d'Yorck, 1 *turneps*, 2 *orge*, et de temps à autre *trèfle*, ne sont que des assolemens biennaux. Le riche assolement de l'Alsace : 1 *pavots*, 2 *blé*, 3 *fèves*, 4 *blé*, 5 *tabac*, 6 *blé*, 7 *trèfle*, 8 *blé*, a évidemment pris naissance de l'assolement biennal, dont on a repoussé la jachère, pour la remplacer par des plantes autres que les céréales, à mesure qu'on en a eu connaissance.

Dans des contrées moins favorisées, l'on n'osa pas s'écarter autant du chemin battu ; on chercha seulement à introduire quelques améliorations. Il en résulta un mélange de l'utile et de l'indispensable. La jachère fut restreinte, sans perdre ni ses droits ni son influence sur l'ensemble. Quelques exemples le démontreront.

L'agriculture biennale ne se rencontre plus guères que disséminée ; elle n'existe en général que sur des champs éloignés ou très-mauvais, ou chez des cultivateurs négligens. On la rencontre cependant encore dans le pays de Mayfeld, contrée située entre Rhin et Moselle, qui envoie plus de grains au marché, que ses voisins agriculteurs triennaux, et même que ceux qui suivent un assolement. L'assolement est :

1 Navets fortement fumés,

---

* Pour les fèves l'on fume chaque fois, ou de deux fois l'une, ainsi tous les deux ou quatre ans. Il est entendu qu'il ne peut être question que de fèves sarclées. On fait aussi entrer dans l'assolement une jachère morte tous les six ou huit ans.

2 Pois,
3 Jachère,
4 Seigle,
5 Jachère,
6 Seigle.

Ou bien :

7 Jachère,
8 Céréales de printemps.

Les personnes qui ont une antipathie pour la jachère, trouveront sans doute cette rotation, après la découverte du trèfle, extrêmement maigre ; mais je les supplie de considérer qu'il y a des terrains si poreux, si légers et si secs, que le trèfle n'y peut réussir, surtout dans les années sèches ; que certains champs sont souvent si éloignés de l'habitation, ou bien ont une position si difficile, que l'on n'y peut parvenir qu'en perdant beaucoup de temps et de peines ; qu'il y a des terres qui produisent, avec beaucoup de fumier, moins de grains dans un certain nombre de récoltes successives, que dans un moindre nombre lorsque ces récoltes sont entremêlées de quelques jachères ; et qu'enfin une bonne récolte de céréales donne plus de produit net que deux médiocres. Un indice en faveur de l'assolement biennal, c'est l'aisance dont jouissaient les paysans de cette même contrée de Mayfeld pendant les malheureuses années 1816 et 1817. Je suis convaincu qu'un homme qui entreprend une ferme long-temps négligée, et qui n'a point de moyens extraordinaires à sa disposition, ne peut rien faire de mieux pour améliorer ses champs, que d'avoir recours à un assolement biennal. A quoi lui servira de semer du trèfle et des vesces, si sa terre est en trop mauvais état pour que ces grains puissent y prospérer ?

Comment cultivera-t-il des plantes-racines s'il n'a point d'engrais? Le déficit en paille qui résulterait de la suppression de la jachère, ne serait pas couvert par de chétives récoltes de fourrage qui valent à peine ce qu'elles coûtent, et qui épuiseraient de plus en plus la terre; car on ne doit pas se flatter de remettre un champ en bon état, même avec des récoltes à engrais, si elles n'y prospèrent pas bien.

L'agriculture biennale s'améliora beaucoup par la découverte du trèfle, parce que son genre de culture lui permettait d'y ajouter celle des produits commerciaux (*handelsgewaechse*). L'assolement fut alors :

1 Jachère morte, fumée,
2 Colsa,
3 Jachère,
4 Seigle,
5 Trèfle plâtré,
6 Avoine ou pommes de terre.

Il est très-extraordinaire que l'on fasse suivre le colsa et les pommes de terre d'une jachère morte, la première de ces productions étant une excellente préparation pour les céréales d'hiver, et la seconde pour celles de printemps. Il serait difficile de justifier une pareille méthode; mais les abus font la critique des hommes et non celle des choses.

Dans le pays de Juliers, ainsi que sur le bas Rhin, on trouve l'assolement suivant :

1 Jachère fumée,
2 Céréales d'hiver,
3 Jachère,
4 Céréales d'hiver.

5 Trèfle,
6 Avoine.

L'on y considère cette rotation comme plus sûre qu'aucune autre, ainsi que nous le verrons plus tard.

D'après la règle de l'assolement biennal, la moitié de toutes les terres est cultivée en jachère chaque année, mais de cette moitié il faut retrancher un quart en navets, pommes de terre et trèfle. Sans prairies, et sur un sol peu favorable au trèfle, le cultivateur ne peut fumer tous les ans que le cinquieme de la jachère, par conséquent le dixième du tout ; mais il ne donne pas de fumier d'étable aux champs éloignés, et il l'emploie tout au profit de ceux qui sont rapprochés de lui : il se trouve par là en état de fumer ceux-ci tous les six ans, c'est-à-dire le tiers de la jachère, ce qui suffit pour son genre de culture. Cependant afin que les terres éloignées ne soient pas entièrement privées d'engrais, il y sème de temps à autre des lupins pour les enfouir en vert ; mais si la terre est en assez mauvais état pour que l'engrais végétal ne suffise pas à son rétablissement, on la laisse reposer pendant quelque temps et se couvrir de gazon. Dans de pareilles circonstances l'ensemencement en genêts serait d'une très-grande utilité, si l'on connaissait dans ces contrées la manière dont il s'opère, et l'avantage qui en résulte.

Que l'on ne s'imagine pas, du reste, que l'indolence des habitans, ou la mauvaise qualité du sol, ait donné naissance à l'assolement biennal. L'auteur de cet écrit peut témoigner du contraire et citer à l'appui de son assertion quelques exemples pris dans le palatinat du Rhin, connu pour son industrie agricole, et qui nous fournira encore des exemples pour les autres systèmes d'agriculture.

Quoique l'agriculture biennale nous ait amenés sur les limites de l'agriculture d'assolement, nous devons, pour suivre l'ordre des matières, nous occuper d'abord, et comme étant la plus ancienne, de l'agriculture céréale proprement dite.

QUATRIÈME SECTION.

AGRICULTURE CÉRÉALE PROPREMENT DITE
(Koernerwirthschaft).

Par suite de l'introduction du trèfle et des plantes commerciales, il est souvent très-difficile de fixer les limites où l'agriculture céréale cesse d'être elle-même, en se rapprochant de l'agriculture alterne, pour finir par se confondre avec celle-ci. M. Koppe n'a pas tort quand il croit que depuis l'admission des plantes en question, dans l'agriculture céréale, l'agriculture alterne n'a plus assez d'avantages pour mériter tous les éloges qu'on lui a prodigués. Au fond, le mot *alterner* a une acception bien plus étendue que celle qu'on lui a donnée dans ces derniers temps. En effet, faire succéder de l'avoine à du seigle, c'est alterner. C'est également alterner que de faire suivre une céréale hivernée par une récolte dérobée de navets, ou de maïs à faucher, puis d'une nouvelle céréale d'hiver pour l'année suivante, et tout cela peut s'exécuter dans l'agriculture céréale.

Par agriculture céréale nous entendons celle dans laquelle les céréales occupent tous les ans les trois cinquièmes, les deux tiers, les trois quarts, ou même

prêter aux circonstances. Comme avec leur secours les terres arables produisirent alors, sinon tout, du moins une grande partie de ce qui était nécessaire à l'entretien de leur fertilité, elles ne réclamèrent plus le secours que d'une moindre étendue de prairies naturelles ; ou si celles-ci leur étaient adjointes comme sur l'ancien pied, elles en devenaient plus productives. Dans beaucoup de circonstances la jachère fut presqu'entièrement supprimée, et la masse des produits en fut augmentée ; l'agriculture triennale s'en trouva anoblie et se présenta alors sous un meilleur aspect. Ils ont donc complètement tort ceux qui ne l'envisageant que sous son ancienne forme, sans égard aux améliorations qu'elle a éprouvées, comparent les défauts qui lui restent aux avantages que présentent d'autres systèmes. Quelle est la chose qui ne succomberait pas sous une comparaison aussi injuste ? Arthur Young tomba évidemment dans cette faute, en mettant en parallèle le mauvais côté de l'agriculture française avec ce qu'il y avait de plus perfectionné en Angleterre, et qui ne s'y rencontrait que dans quelques provinces. Les Français furent assez bons pour ne point repousser cette injustice, parce qu'alors ils n'attachaient encore aucun point d'honneur à leur agriculture. Ils verront plus loin si les Anglais ne sont point aussi des agriculteurs à céréales, et même des plus mauvais.

En Allemagne également, les pauvres agriculteurs triennaux ont été tellement intimidés, qu'ils n'osent plus entrer en lice, et poursuivent en silence leurs travaux. Beaucoup de gens sont même honteux d'être leurs imitateurs, car aujourd'hui agriculture triennale et routine sont synonymes. Mais il faut considérer qu'il y a deux espèces de routine, l'une bonne et l'autre mauvaise, et que souvent elle peut être l'une ou l'autre, selon les circonstances auxquelles elle est appliquée. C'est précisément le cas pour l'agriculture triennale : condamnable lorsqu'elle manque d'une suffisante quantité de prairies naturelles, ou que celles-ci peuvent être utilisées d'une manière plus profitable par la culture, et produire des fourrages artificiels ; défectueuse quand ces prairies exigent pour leur entretien tout l'engrais qu'elles ont produit ; et tout-à-fait inconvenante enfin lorsque les champs doivent contribuer à entretenir des prairies qui, dans ce cas, deviennent un fardeau pour l'agriculture, au lieu d'en être le soutien. Dans toutes ces circonstances, le système triennal (il n'est ici question que de celui qui est perfectionné, et dans lequel entrent non-seulement les plantes fourragères, mais encore les plantes commerciales) reçoit une fausse application, mais dans des circonstances opposées il est digne de louanges et peut entrer en lutte avec chacun de ses rivaux ; car encore une fois, les circonstances font les assolemens.

Nous arrivons maintenant à l'exposition de quelques exemples d'assolemens, bons et mauvais, tels qu'ils se présenteront :

1 Jachère morte,
2 Céréales d'hiver,
3 Céréales de printemps, ou légumineuses.

Le champ ne pouvait être fumé chaque fois qu'il était en jachère, que lorsque l'étendue des prairies était au moins égale à celle des terres arables. Quand les circonstances se trouvaient telles, le système était bon et durable : mais l'augmentation de population ayant forcé le cultivateur à attaquer peu à peu ses prairies, leur étendue diminua dans la même proportion que celle des terres arables augmenta, et celles-ci se trouvèrent de plus en plus privées d'engrais ; l'on ne put donc plus fumer que tous les six ou même tous les neuf ans, et je laisse à penser quelles durent être alors les récoltes ! Tel fut l'état des choses jusqu'à ce que le trèfle, la nourriture à l'étable et la culture des plantes commerciales leur donnèrent un autre aspect. Mais avant de nous en occuper dans cette nouvelle position, parcourons encore quelques assolemens triennaux qui nous apprendront ce que l'on peut faire lorsqu'on possède des engrais en suffisance.

L'assolement des cultivateurs-pasteurs de Nassau-Siegen consiste en :

1 Pommes de terre fortement fumées,
2 Seigle fumé par-dessus les semences,
3 Avoine, ou orge fumé de même.

A Ravensberg, l'on trouve le prodigieux assolement suivant :

1 Seigle fumé,
2 Seigle avec demi-fumure,
3 Avoine, et ainsi de suite.

Son pendant existe dans le comté de Lingen :

1 Avoine ou orge fortement fumée,
2 Seigle,
3 Seigle avec demi-fumure, et ainsi de suite.

Qui concevra un pareil assolement, ou bien le suivant qui a lieu près de Minden :

1 Seigle fumé,
2 Orge,
3 Avoine.

L'on voit par là jusqu'où peut s'étendre l'industrie des petits cultivateurs.

Moellinger sema un champ qu'il avait pris à ferme neuf ans, je dis neuf ans de suite sans engrais.

1 Saules pâturés, 2 épeautre, 3 avoine : vraie agriculture de marâtre !

L'on rencontre souvent sur du sable moins mauvais :

1 Seigle fumé,
2 Seigle, puis navets ou spergule,
3 Sarrasin : dans les fonds, de l'avoine.

Lorsque le terrain est plus mauvais, l'on fume non-seulement pour le premier seigle, mais encore pour le sarrasin.

Laissons maintenant apparaître le trèfle. Nous avons déjà démontré que le système de Schubart était impraticable, et s'il se trouvait suivi quelque part, ce serait uniquement une exception à l'impossible. Resterait d'ailleurs toujours à nous expliquer comment la terre peut être maintenue dans un état de propreté. Par-tout où l'agriculture triennale existe, l'assolement a été doublé et même triplé ; exemple :

1 Jachère fumée,
2 Seigle,
3 Orge,
4 Trèfle,
5 Froment,
6 Avoine.

Et pour neuf ans :

7 Légumineuses fumées,
8 Seigle,
9 Avoine.

Dans cet assolement, que l'on ne devrait pas légèrement critiquer, tout dépend de la bonne préparation de la jachère et de l'abondance du fumier. Cette dernière circonstance est soumise à la réussite du trèfle et à l'étendue des prairies naturelles. A neuf soles il est plus sûr qu'à six, parce qu'en cas de non réussite du trèfle, on a recours aux vesces fourragées en vert, et de cette manière le succès est certain. L'on est également plus assuré du trèfle à neuf soles qu'à six. Dans le cas où l'on voudrait y introduire le colza, il faudrait le placer après les vesces fourragées en vert; on aurait alors : 8 colza, 9 blé, épeautre ou seigle. Pour que cette agriculture prospère, il faut que pour trois arpens de terre elle en possède un de prairies, et qu'elle ait au moins une demi-nourriture à l'étable. A ces conditions l'agriculture triennale pourra entrer en lutte avec quelqu'autre que ce soit, et souvent l'emporter sur elle.

On rencontre rarement l'agriculture triennale en Belgique, et jamais elle n'y est accompagnée de jachère. Je ne connais que deux exemples du premier cas.

Sur de bonnes terres sableuses je trouvai :

1 Pommes de terre, lin, colza repiqué,
2 Seigle avec carottes,
3 Avoine,
4 Trèfle,
5 Blé ou seigle, et ensuite spergule,
6 Seigle puis navets.

Dans un autre endroit :

1 Pommes de terre ou colza repiqué,
2 Blé,
3 Seigle,
4 Trèfle,
5 Blé,

6 Avoine ou seigle,

7 Lin,

8 Méteil,

9 Seigle.

Avec ce véritable assolement triennal, les terres sont fumées tous les ans, soit avec du fumier solide, soit avec du fumier liquide, des cendres, ou une récolte verte enfouie. Gripp, un intelligent paysan flamand, le considère comme le plus propre à enrichir le cultivateur. Tout dépend de la manière de traiter les choses. Ce même assolement se trouve aussi dans les environs de Cortrick.

Dans la partie du Palatinat voisine de la Nahe, on rencontre l'assolement suivant :

1 Jachère,

2 Seigle,

3 Epeautre,

4 Trèfle,

5 Epeautre,

6 Avoine.

Et

1 Racines, choux,

2 Orge,

3 Epeautre,

4 Trèfle,

5 Orge,

6 Epeautre.

Dans ce dernier assolement la position de l'orge, relativement à l'épeautre, est extraordinaire ; elle paraît, d'après cela, être le principal objet de la culture : le sol est ici vraiment excellent.

L'assolement des anabaptistes, à la grande ferme d'Hersheim, près de Worms (2400 morgen), offre quelque chose d'analogue, avec cette différence, qu'au lieu de neuf soles il y en a dix : le terrain, qui est une alluvion du Rhin, est excellent :

1 Jachère fumée, labourée quatre fois, dont une avant l'hiver,
2 Colza semé à la volée, la graine enterrée par un labour à la charrue,
3 Céréales d'hiver, après trois labours,
4 Orge, si le grain de la troisième année était du seigle ; avoine si c'était du blé,
5 Pommes de terre fumées,
6 Orge,
7 Céréales d'hiver, puis navets,
8 Betteraves ou pommes de terre fumées,
9 Orge,
10 Céréales d'hiver.

Ici l'on place également deux fois les céréales d'hiver après l'orge. L'on considère sans doute les plantes-racines comme une préparation encore plus mauvaise, pour les céréales d'hiver, que l'orge. Le colza étant une excellente préparation pour ces mêmes céréales, c'est probablement par ce motif qu'il n'est pas suivi par l'orge. Il est également surprenant qu'il n'y ait ni trèfle ni autres plantes fourragères ; mais le premier réussit mal. Sans ses belles prairies, sans une île du Rhin, non loin du bord, et surtout sans ses distilleries, auxquelles sont joints des engraissemens de bétail très-considérables, cette agriculture ne pourrait se soutenir sur ce pied.

Il y a environ trente ans que la folle avoine était encore le fléau des céréales d'été : une voiture de gerbes d'orge ressemblait à une voiture de mauvais foin : par l'assolement jachère, colza, seigle, elle fut entièrement détruite. On emploie aussi l'engrais liquide (les eaux de fumier) ; mais sur les bonnes terres, on n'en ressent aucun effet.

Il existe aux environs de Spire, sur un sable argileux, un assolement tout particulier :

1 Betteraves fumées,
2 Orge,
3 Trèfle,
4 Epeautre.
5 Orge,
6 Avoine.

Cet assolement n'est pas à dédaigner, il pose les fondemens d'un beau trèfle, et par conséquent ceux de l'épeautre. Trois récoltes de céréales de printemps et seulement une de céréales d'hiver, semblent indiquer un sol à orge.

L'orge à la seconde année est à sa vraie place, de même qu'à la cinquième. Mais l'avoine? peut-être ne l'a-t-on ainsi accolée à la fin que pour achever de tirer la dernière substance du sol ; peut-être aussi que l'expérience justifie ce qui ne paraît pas rationnel. Voici comment on procède :

1re Année, forte fumure, trois labours, les betteraves plantées à deux pieds d'éloignement. 2e Année, labour d'automne, l'orge semée au printemps suivant, et enfouie à la charrue ; on herse ensuite, on sème le trèfle, on herse de nouveau et on plâtre dès que le jeune trèfle a levé. 4e Année, si le temps est sec, on sème l'épeautre par-dessus le trèfle, et on l'enterre avec celui-ci ; s'il est humide, on retourne d'abord le trèfle, on sème ensuite et l'on herse : l'épeautre réussit d'autant mieux que le temps est plus humide, et cette dernière manière de procéder est trouvée préférable à la première. 5ᵉ Année, trois labours avant l'hiver, l'orge semée au printemps, et enterrée par un quatrième labour : par suite de ces labours répétés, cette orge de la quatrième récolte ne le cède en rien à celle de la seconde. La récolte n'est que de moitié lorsqu'on néglige les labours d'automne. 6ᵉ Année, comme à la cinquième : l'on prend le dernier labour, avant l'hiver, très-large, pour que le champ soit raboteux et présente beaucoup de surface à la gelée.

Ce qui précède a rapport à ce qui se fait dans le Palatinat : passons maintenant à l'Alsace. L'agriculture triennale commence aux portes de Strasbourg et s'étend au sud jusqu'à la Suisse. Il est très-surprenant qu'aux portes nord de la ville commence le système alterne, qui s'étend jusqu'au Palatinat. Laquelle des deux parties a choisi le meilleur lot? qui nous le dira? Cependant si ce problème pouvait être résolu quelque part, ce serait ici. Même terrain, même situation et mêmes circonstances, même activité et même industrie chez les habitans, mêmes objets de culture, mêmes instrumens aratoires; l'assolement seul diffère. La chose mérite vraiment, non pas un examen prompt et superficiel, mais des recherches longues et approfondies. L'auteur de cet écrit regrettera toujours de ne pas les avoir entreprises lorsqu'il en avait le temps et les moyens.

Nous n'avons à nous occuper dans ce moment que de l'agriculture triennale ; elle est soumise en Alsace à un assolement qui est ordinairement de six ans, et rarement de neuf ; il se compose de rolations suivantes :

Tabac, blé, orge.

Chanvre, blé, orge,
Fèves,   blé, orge,
Trèfle,   blé, orge.

La jachère y est inconnue : le sarclage à la main
y est employé généralement : on y manque de prairies :
le trèfle n'y réussit pas très-bien : le bétail y est misérable et peu nombreux : l'engrais est en grande partie
acheté dans les villes. Une aussi riche agriculture, avec
le système de pacage et peu de bétail, ne peut se soutenir que dans un pays qui, comme l'Alsace, jouit
d'un sol très-fertile, de beaucoup de facilité à se
procurer des engrais étrangers, d'une population
très-active, et de circonstances accessoires très-avan-
tageuses. Ce système est désavantageux, même ici,
sous le rapport de la propreté des terres ; car malgré les éternels sarclages du tabac, du maïs, des
fèves, des pommes de terre et des navets en récolte
dérobée, sarclages qui nulle part ailleurs ne sont
plus répétés et plus soigneusement exécutés, on ne
peut, vu qu'on n'a point de jachère, se rendre maître
de la moutarde sauvage, et si dans certaines années
on ne veut pas qu'elle étouffe entièrement l'orge, il
faut de toute nécessité remplacer celle-ci tous les six,
neuf ou douze ans par une récolte sarclée, qui est
encore suivie de la récolte aussi sarclée de l'année
jachère. L'on a alors : 1 *blé*, 2 *maïs ou pommes de
terre*, 3 *fèves* ou *tabac*, 4 *blé*, 5 *orge*, 6 *récolte
jachère*, et ainsi de suite. De cette manière ces agriculteurs triennaux deviennent momentanément des
agriculteurs alternes, mais cette nécessité ne prouve
pas en faveur de l'agriculture triennale. Cependant
ce déluge de moutarde sauvage peut provenir de

ce qu'on ne gerbe pas ici les champs comme dans les Pays-Bas, et que l'on sème l'orge (la grande) déjà dans la première quinzaine de mars. Et en second lieu, de ce que la jachère, qui est cependant si indispensable lorsque l'agriculteur triennal ne nettoie pas ses champs à la main, n'y est pas en usage. Les moyens seuls mènent au but.

§ 2. AGRICULTURE CÉRÉALE A QUATRE SOLES.

L'impossibilité de fumer dans beaucoup d'endroits les terres tous les trois ans, donna lieu à ce système. Sa rotation est :

1 Jachère fumée,
2 Céréales d'hiver,
3 Céréales de printemps,
4 Légumineuses pour graines.

Cet assolement se rencontre dans le pays de Paderborn. Que ne font pas et l'homme qui manque d'argent, et le cultivateur qui manque de fumier ! Mais pourquoi ce dernier ne cherche-t-il pas à s'en procurer ? le trèfle ne vient-il pas dans ce pays ? Néanmoins il ne faut pas nous hâter de déclarer cette agriculture mauvaise. Quand un agriculteur triennal ne peut fumer son champ tous les trois ans, mais qu'il le peut tous les quatre ans, il fait bien d'adopter un assolement de quatre soles. Souvent aussi dans ce pays les cultivateurs soumettent les champs rapprochés à un assolement triennal, et ceux qui sont éloignés à un assolement de quatre ans, ce qui les met à même de pouvoir mieux fumer les premiers.

Lorsque l'assolement de quatre ans renferme du trèfle, on le sème dans l'avoine, en supprimant les légumineuses, ou bien dans celles-ci en renonçant à l'avoine ; mais il faut être très-modéré dans la culture du trèfle, si l'on ne veut détruire la possibilité de conserver la rotation quadriennale, à moins qu'on n'ait l'heureuse idée de la faire suivre par une jachère. L'on pourrait très-facilement, et en ne renonçant à aucun des produits cités, convertir cet assolement en celui-ci qui est excellent : 1 *jachère*, 2 *céréales d'hiver*, 3 *trèfle*, 4 *avoine*, 5 *jachère*, 6 *céréales d'hiver*, 7 *céréales de printemps*, 8 *légumineuses*. Ou si l'on voulait s'adonner au système alterne pur, l'on aurait à la septième année les légumineuses en vert ou en graines, selon les circonstances, et à la huitième l'avoine. En général, il n'y a point de méthode agricole qui se prête mieux à l'adoption du système d'assolement, que la quadriennale.

Il est clair que la jachère est la base et le soutien de l'agriculture quadriennale. Sans elle ce système ne pourrait être praticable en terre sableuse qu'avec une forte fumure et avec un emploi extraordinaire de moyens. C'est ainsi que l'on a à Mutterstadt, dans le Palatinat :

1 Epeautre,
2 Seigle,
3 Avoine,
4 Lin.

A Lengerich, en Westphalie :

1 Chanvre fumé,
2 Seigle,

3 Avoine,
4 Sarrasin.

Il est facile de voir que ces assolemens ne peuvent être adoptés que par de très-petites agricultures.

Dans les Polders, au-dessus d'Anvers :

1 Blé,
2 Trèfle,
3 Orge d'hiver,
4 Avoine :

mais aussi ce sont des Polders.

L'assolement suivant, pratiqué sur les bonnes terres du pays de Clèves, est plus difficile et presqu'incroyable, parce qu'il est contraire à tous les principes reçus ; j'en donne ici les détails à cause de sa singularité :

1 Orge fumée,
2 Trèfle,
3 Blé,
4 Seigle suivi de navets en récolte dérobée.

C'est certainement le plus épuisant de tous les assolemens de quatre soles.

Manière de procéder.

1re Année. Après qu'à l'automne le champ a été soigneusement purgé de chiendent, l'on fume fortement pendant l'hiver, et l'on enterre le fumier le plus promptement possible. Au commencement de mai l'on sème de l'orge et du trèfle ; mais préalablement on cherche à détruire les mauvaises herbes restantes, par un bon hersage. La récolte de l'orge faite, le trèfle est pâturé par les bêtes à cornes, en usant des précautions convenables.

2ᵉ Année. La première coupe du trèfle est fourragée en vert à l'étable ; la seconde pousse est ordinairement destinée à porter graine.

3ᵉ Année. Le blé est semé sur un seul labour du trèfle, à quatre ou cinq pouces de profondeur.

4ᵉ Année. Immédiatement après la récolte du froment on donne un labour très-superficiel, pour détruire les mauvaises herbes ; quatre à cinq jours après, par un temps sec, on laboure une seconde fois, mais à quatre pouces de profondeur, et on herse. Quand le chiendent et les éteules, ainsi mis à découvert, sont secs, on roule et on herse de nouveau. Lorsque le temps le permet, on bat le chiendent afin que toute la terre s'en détache, et on le met à couvert pour le fourrager pendant l'hiver avec les chevaux, pour lesquels il remplace le meilleur foin. Enfin on donne le labour de semaille à huit ou neuf pouces de profondeur, et on sème le seigle. Les navets qui lui succèdent doivent être semés au plus tard le 10 août, après que le champ a d'abord été complètement purgé de chiendent. Les autres règles à observer seront indiquées au paragraphe 4.

Cet exemple démontre suffisamment que l'adoption de ces assolemens extraordinaires exige aussi l'emploi de moyens extraordinaires, et qu'il n'est pas suffisant de vouloir la fin si on ne veut aussi les moyens.

§ 3. ASSOLEMENT DE CINQ SOLES

L'assolement triennal a deux récoltes successives de céréales après une seule fumure ; l'assolement qua driennal en a trois, et l'assolement quinquennal quatre : l'on voit que la progression n'est pas décroissante. Cependant nous verrons également par plusieurs exemples, combien il est facile de convertir le dernier en assolement alterne, et qu'il mériterait dans ce cas le nom d'assolement quinquennal anobli.

Assolement quinquennal pur :

1 Jachère fumée,
2 Céréales d'hiver,
3 Orge, ou mélange d'orge et d'avoine,
4 Mélange de fèves et de pois,
5 Avoine, ou mélange d'avoine et d'orge : quelquefois aussi du lin, des pommes de terre ou autres productions semblables.

Qu'on nous dise comment ces productions peuvent réussir à la quatrième année après fumure ? Les propriétaires de moutons font parquer à la cinquième année. Ils sèment alors au lieu d'avoine des céréales d'hiver, ce qui ne change rien à la rotation, et le champ reçoit également une culture de jachère l'année suivante, c'est-à-dire la première de l'assolement, à moins qu'on n'ait semé dans la céréale hivernée du trèfle qui, dans ce cas, prend la place de la jachère. Mais cette méthode offre peu d'avantages, en ce que la jachère est supprimée et que le champ devient la proie des mauvaises herbes.

Quant au mélange d'orge et d'avoine, mélange peu usité à cause des époques différentes de maturité, il renferme d'autant moins d'orge que le terrain est plus mauvais, et d'autant plus qu'il est meilleur.

Dans le comté de Marck on trouve l'assolement suivant :

1 Jachère fumée,

2 Seigle,
3 Trèfle,
4 Avoine,
5 Avoine.

Cet assolement est bon, mais il s'écarte dans sa composition du système quinquennal. Le suivant est un peu trop épuisant pour ce système, et exige une assez bonne terre :

1 Navets ou pommes de terre fumés,
2 Orge ou seigle,
3 Pois,
4 Seigle,
5 Avoine.

Comme il n'y a pas de trèfle, je suppose que les pois lui cèdent leur place à chaque seconde rotation : il en résulterait l'excellent assolement : *navets, orge, pois, seigle, avoine, pommes de terre, seigle, trèfle, froment, avoine.*

Dans les pays de montagnes, où la réussite des céréales d'hiver est compromise, l'on a :

1 Pommes de terre ou navets fumés,
2 Orge,
3 Trèfle,
4 Orge et avoine mêlées,
5 Avoine.

Cet assolement est certainement bon et digne d'éloges.

Sur une terre humide et propre à l'avoine, quoique d'un faible produit, dans le pays de Munster, l'on a :

1 Jachère fumée,
2 Seigle,
3 Avoine,

4 Trèfle,

5 Avoine.

L'on se demande s'il ne vaudrait pas mieux semer le trèfle dans le seigle, et faire suivre celui-ci par deux récoltes successives d'avoine? et s'il ne serait pas plus convenable de cultiver, dans un terrain humide, du blé que du seigle?

Sur une bonne terre comme celle des bords de la Queich (Palatinat), l'on trouve :

1 Colza fumé,

2 Epeautre,

3 Seigle,

4 Orge,

5 Trèfle retourné après le premier labour pour le colza.

Ce terrain ne produit sans doute point de mauvaises herbes; sans cela, comment s'en tirer!

Pour terminer, nous rapporterons l'assolement de Kempen, dans un mauvais sol, sur les frontières du pays de Clèves, qui est remarquable par l'activité de ses habitans :

1 Jachère fumée,

2 Seigle,

3 Seigle fumé,

4 Trèfle ou sarrasin, ce dernier fumé,

5 Avoine fumée, seigle non fumé.

Comme ce petit pays mérite d'attirer toute l'attention des agriculteurs, j'entrerai dans le détail de son assolement qui, quoique de cinq soles, n'est pas entièrement dans le système quinquennal. Comme préparation à la jachère, les chaumes de l'avoine sont retournés avant l'hiver; en juin de l'année suivante, on laboure pour la seconde fois, et en juillet pour la troisième, et l'on enterre en même temps quarante voitures à un cheval de fumier par hectare. Vers le milieu de septembre, on donne le labour de semaille le plus profond de tous.

Pour le seigle de la troisième année, on laboure superficiellement deux fois de suite, les chaumes du seigle précédent; puis on donne un troisième labour en défonçant en même temps à la bêche la raie à la suite de la charrue. Chaque charrue est suivie de dix bêcheurs. Quand le bêchage est négligé, il n'est pas rare que le second seigle murisse difficilement, ou au moins qu'il reste inférieur au premier, quoique également fumé.

En mars de la quatrième année, l'on sème de la graine en trèfle (15 kilog. par hectare) par-dessus le seigle. Deux à trois semaines plus tard, on y répand de la chaux (8 hectolitres par hectare); mais cette chaux est préalablement mêlée de terre. Ce mélange fait plus d'effet sur les terres fortes que sur les terres légères. Il est avantageux de marner à la seconde rotation, les terres qui ont été chaulées à la première.

A la cinquième année, le champ de trèfle est *pelé* (*geschaelt*) avant l'hiver, recouvert de fumier pendant l'hiver, et l'avoine semée en mars sur un seul labour.

Sur les excellentes terres fortes et marneuses du Hellweg, près de Dortmund, on trouve parmi quelques assolemens très-productifs le suivant, qui passe pour le plus sûr et le plus riche :

1 Fèves fumées,
2 Orge d'hiver,
3 Seigle,
4 Trèfle blanc à pâturer,
5 Avoine ou seigle.

La manière de procéder pour cet excellent assolement, que l'on peut considérer comme alterne, mérite d'être expliquée.

Pour la première année, on laboure une fois avant l'hiver et deux fois après, en enterrant le fumier par le dernier de ces labours. Lorsque la terre n'est pas par trop forte, les fèves sont enfouies en même temps que l'engrais; dans le cas contraire, on les sème après coup et on les recouvre à la herse.

A la seconde année, les éteules de fèves sont enfouies d'abord par un labour superficiel, et ensuite par un autre plus profond. Pendant la dernière moitié de septembre, on sème l'orge. Périt-elle dans le courant de l'hiver, on la remplace au printemps par de l'orge d'été : mais alors il faut s'attendre à ce que la récolte de seigle qui suivra, sera d'un tiers moindre que si elle eût été précédée par de l'orge d'hiver.

A la troisième année, on laboure trois fois : la première fois légèrement; la seconde fois de même, pour ramener à la surface la terre retournée ; et à la troisième fois, plus profondément. On sème le seigle à la première moitié d'octobre.

Quatrième année. Si le sol est mauvais, une seule année de pâturage du trèfle blanc ne suffit pas. On le prolonge donc d'un an. Après ce pâturage, ne fût-il que d'une seule année, on doit s'attendre à une meilleure récolte qu'après du trèfle ordinaire à faucher. Si on laisse une portion du champ de trèfle blanc pour graine, elle sera inférieure au reste pour la récolte suivante.

A la cinquième année, le champ de trèfle est *pelé* avant l'hiver, labouré en février et mars, et semé en avoine pendant la première quinzaine d'avril. On

choisit un temps sec, afin que la herse exerce toute
son action. Si au lieu d'avoine on veut semer du seigle,
on herse après avoir pelé le trèfle. Lorsque le gazon
est décomposé, on l'enterre par un léger labour. Quelque temps après cette opération, on herse et on laboure
un peu plus profondément. Mais dans aucun cas le
labour ne doit être très-profond.

§ 4. AGRICULTURE CÉRÉALE PURE (*Erz-Koernerwirth-
schaft*).

Nous donnons ce nom à l'agriculture qui fait son
unique objet de la production des céréales, et ne se
contente pas des $\frac{2}{3}$, ni même des $\frac{3}{4}$ de ses terres en
grains, mais qui en cultive autant que le lui permet
son fumier. Trois, quatre, six, huit récoltes successives
de céréales ne sont pour elle rien d'extraordinaire. On
ne la rencontre guères que sur de très-bonnes ou de
très-mauvaises terres, principalement dans les pays de
sable où les plantes fourragères ne réussissent pas, où
les récoltes-racines exigent trop d'engrais, où l'herbe
ne peut prospérer, où la culture des plantes commerciales, qui consomment beaucoup de fumier et n'en
produisent point, est impossible, où tout repose sur
la nourriture du bétail et la production des engrais,
lesquels, dans une pareille situation, ne proviennent
guères que de la paille. Ici les céréales succèdent aux
céréales, et toujours des céréales. Le choix entre les
objets à cultiver n'est pas difficile, il se borne, à très-
peu d'exceptions près, au seigle, à la spergule, aux
navets en récolte dérobée. et là où la terre est meil-

leure, au sarrasin. Ici plus qu'ailleurs les circonstances font les assolemens.

C'est un grand bienfait de la providence, que le sable supporte une semaille tardive, et qu'il soit facile à travailler même dans les saisons humides. Sans cette propriété, les grains d'hiver souffriraient bien souvent d'une mauvaise ou tardive préparation. La seule difficulté est la création des engrais pour faire produire annuellement la terre. Avec eux on y peut tout, sans eux on n'y peut rien.

Un tel sol ne comportant pas la jachère, la seconde condition essentielle est la propreté de la terre, elle repose sur l'enlèvement du chiendent à l'automne, et le gerbage à la main au printemps. Mais comme la première de ces opérations devient d'année en année plus difficile, on supprime de temps en temps une récolte de céréales de printemps, et on la remplace par de la spergule d'été; l'on gagne par là du temps pour nettoyer le champ. Ces deux conditions sont-elles remplies, la succession non interrompue des récoltes des céréales n'éprouve point de difficulté, et la température seule de l'année influe sur leur réussite.

Je ne puis donc admettre que conditionnellement ce qui est dit page 75, tome 4 (texte allemand), des principes de l'agriculture rationnelle; en effet, lorsqu'on y affirme que trois ou quatre récoltes successives de seigle donnent de si faibles produits que, dans ces contrées mêmes, il n'y a qu'une voix parmi les personnes impartiales, contre une telle succession de récoltes, la phrase suivante donne le mot de l'énigme : « Une très-forte fumure, souvent répétée, ne peut empêcher la médiocrité des récoltes de grains. » Cela est vrai, car une très-forte fumure ne convient pas aux terres de sable, mais bien une fumure modérée, et chaque année répétée. Plus loin il est dit : « Un fumier frais rendu insoluble par la sécheresse, ou par une humidité surabondante, et enfoui peu de temps avant les semailles, nuit à la première récolte, mais profite à la seconde. » Un tel fumier ne convient ni aux terres sableuses, ni à l'assolement en question, ils exigent l'un et l'autre du fumier consommé, ainsi qu'il est d'usage de l'employer dans les pays où l'on entend ce genre d'agriculture. Les observations faites dans les contrées où il est moins connu, ne prouvent rien contre les résultats obtenus dans les premiers par une manière de procéder judicieuse. Du reste, je suis loin de prétendre qu'il soit impossible de trouver pour ces pays un système d'agriculture plus convenable, je crois seulement qu'il serait moins simple. J'en donnerai un exemple à l'article du système d'assolement.

Dans la Campine brabançonne, en nourrissant le bétail à l'étable, et faisant la litière avec de la bruyère, on a, sur de bien mauvaises terres, d'un à six, à huit et même à dix ans de suite du seigle, suivi d'une année des pergule-jachère. Après chaque récolte de seigle, il y a communément une récolte dérobée de spergule pâturée. Pour le seigle, car aucune céréale n'y viendrait, on fume chaque fois.

Là où le sol est un peu meilleur, on a :

1 Spergule ressemée à plusieurs reprises, pour fourrage vert et sec et pour graine,
2 Seigle, puis spergule en récolte dérobée,
3 Seigle, puis navets,
4 Seigle, puis spergule,

5 Seigle ,
6 Sarrasin.

Ou bien :

1 Sarrasin ,
2 Et 3 seigle ,
4 Seigle , puis navets ,
5 Pommes de terre ,
6 Et 7 seigle.

On fume pour tout , à l'exception de la spergule , en alternant entre le fumier de bruyère et celui d'é-table ; du premier , on mène de 80 à 90 voitures à un cheval par hectare , et du second , de 30 à 40.

Sur la hauteur de Clèves , l'assolement des mauvaises terres , meilleures cependant que les bonnes terres de la Campine , est :

1 Pâturage de trèfle blanc ,
2 Seigle d'une très-belle venue ,
3 Avoine ,
4 Seigle fumé ,
5 Seigle ,
6 Avoine et trèfle blanc.

Quant à la manière de procéder , tout ce qui a été dit à la fin du § 2 , concernant l'agriculture quadrien-nale , est applicable ici. Voici les autres règles à ob-server dans cet assolement presque incroyable.

a. Quand le seigle se succède à lui-même sans nou-velle fumure , on donne trois labours dont le dernier doit être très-profond. On trouve encore plus con-venable de bêcher la raie à la suite de la charrue.

b. Quand on peut fumer pour le second seigle , on répand l'engrais sur le chaume sans labour préalable , lorsque la terre est exempte de chiendent , et on sème après un seul labour.

c. Comme le sarrasin étouffe le chiendent, il suffit, après lui, de donner un seul labour pour enterrer le fumier.

d. Le contraire a lieu pour l'avoine qui favorise la croissance du chiendent plus qu'aucune autre céréale. Lorsqu'elle doit être suivie d'une nouvelle récolte de grains, il est nécessaire de nettoyer d'abord soigneusement le champ.

e. Quand le champ d'avoine, destiné à porter de l'orge, n'a pu être entièrement débarrassé des mauvaises herbes pendant l'automne, on y mène bien le fumier dans le courant de l'hiver, mais on le place en gros tas, de manière à ne pas gêner au printemps les instrumens aratoires destinés à nettoyer la terre, et ce n'est que quand cette dernière opération est terminée, que le fumier est répandu et enfoui.

f. L'engrais pour les céréales de printemps est toujours enterré profondément (de 6 à 8 pouces). Celui pour les céréales d'hiver l'est au contraire aussi peu que possible.

g. Le seigle ne réussit jamais ici après de l'orge d'hiver, par cette raison l'on sème toujours du trèfle dans celle-ci

h. Quand on veut faire succéder du seigle à du sarrasin, les éteules de ce dernier doivent être déracinées par un léger labour, et séchées au soleil. L'on prétend qu'enfouies fraîches, elles nuisent à la récolte de seigle.

L'on voit que même les agriculteurs à céréales, n'agissent pas tout-à-fait sans discernement. L'exemple suivant, pris dans l'industrieux petit pays de Kempen, nous en fournit une nouvelle preuve. Je prie le lec-

teur de supporter patiemment les détails pratiques
dans lesquels je crois devoir entrer relativement à certains assolemens. A quoi lui servirait sans cela une
sèche nomenclature. Voici cet assolement ;

1 Navets jachère fumés,
2 Orge fumée et arrosée d'engrais liquide,
3 Trèfle chaulé,
4 Blé fumé,
5 Seigle fumé,
6 Avoine fumée.

Beaucoup de jeunes agriculteurs français et allemands nourrissent un très-grand désir d'aller en Angleterre examiner, *in-loco*, les turneps britanniques,
dans la persuasion qu'à leur retour, rien dans l'em-
pire de Cérès ne leur sera étranger. Qu'ils daignent
pourtant, à leur retour, honorer d'un regard observateur les modestes agricultures de la Belgique, des
pays de Clèves, de Kempen et du Palatinat. Pour leur
éviter la peine d'entrer dans les détails, je ferai connaître la manière de procéder pour l'assolement ci-dessus,
qui, s'il n'est pas digne d'être imité, mérite au moins
notre approbation.

A la première année, on laboure deux fois au printemps, on fume et on laboure pour la troisième fois.
Quand on est pourvu d'engrais liquide, on l'emploie
dans ce cas de préférence au fumier ordinaire. Lorsque
les navets ont atteint la longueur du doigt, on les
herse fortement, et quelquefois trois à quatre fois. Ils
réuissent ici parfaitement, et il n'est pas rare que la
fane atteigne la hauteur de 4 pieds.

Pour la deuxième année, on fume et on laboure
avant l'hiver, en enterrant le fumier légèrement. Au

printemps suivant, on fume de nouveau, soit avec du fumier ordinaire, soit avec de l'engrais liquide; le premier doit dans tous les cas être consommé. On laboure en tout trois fois pour l'orge, on herse et on roule. Enfin on sème de la graine de trèfle que l'on recouvre légèrement à la herse.

A la troisième année, on répand de la chaux, mais pas plus de 5 à 6 hectol. par hectare.

Quatrième année. Le blé est une vraie conquête dans ces maigres terres de sable argileux. Pour l'obtenir on mène dans le champ 50 voitures à un cheval de limon, mis en tas pendant un an, avec un sixième de fumier, arrosé d'engrais liquide, et remanié. De cette manière on obtient de belles récoltes de froment dans un pays qui lui est peu favorable.

Cinquième année. Le procédé de bêcher le fond du sillon, a déjà été indiqué en parlant de l'assolement quinquennal de Kempen. On cherche quelquefois à obtenir le même résultat en faisant passer la charrue une seconde fois dans la raie.

S'il existe de pareils assolemens dans des pays où les terres sont médiocres et même mauvaises, il paraîtra moins surprenant de les rencontrer dans des contrées fertiles; c'est ainsi que l'on trouve à Tirlemont, en Brabant :

1 Vesces fumées,
2 Blé,
3 Seigle,
4 Trèfle saupoudré de cendres,
5 Blé,
6 Avoine.

S'il y avait des mauvaises herbes dans le trèfle, ce

qui arrive facilement avec de pareils assolemens, on fait le changement suivant :

5 Avoine suivie de blé un peu fumé.

Autre :

1 Vesces fortement fumées,
2 Blé,
3, 4 Seigle,
5 Colza repiqué,
6 Orge d'hiver fumée,
7 Seigle,
8 Trèfle avec cendres,
9 Blé, puis navets,
10 Avoine.

Sept récoltes de céréales, dont une seulement de grains de printemps, en dix ans, et avec deux fumures et demie. C'est bien tout ce que peut exiger le cœur avare d'un fieffé agriculteur de céréales.

Dans les fonds du pays de Clèves, on a :

1 Jachère fumée,
2 Colza,
3 Blé,
4 Orge d'hiver,
5 Seigle légèrement fumé, ou orge,
6 Trèfle ou fèves,
7 Blé,
8 Avoine ou sarrasin.

Cet assolement est riche, mais non exempt de blâme, le trèfle est certainement trop éloigné de la jachère. Aussi me semble-t-il bien avoir rencontré dans ce pays des champs passablement souillés de mauvaises herbes. Examinons encore la manière de traiter ce terrain productif.

La jachère est labourée cinq fois, dont une avant l'hiver. On fume fort, et le mieux est de le faire assez tôt pour que l'engrais soit remué trois fois par la charrue.

Le colza est semé pendant la seconde moitié d'août. Manque-t-il, on le remplace par de l'orge et du trèfle au printemps suivant. Ce trèfle n'est destiné à d'autre usage qu'à être enfoui après la récolte d'orge, sur quoi on sème le froment sur ce seul labour. (On s'aperçoit ici que le pays de Clèves n'est pas éloigné des Pays-Bas.) Sans ce trèfle, le blé ne réussirait certainement pas après l'orge. D'après l'expérience des agriculteurs du pays, les effets nuisibles de celle-ci se font sentir pendant trois ou quatre ans, lorsque par hasard le trèfle ne réussit pas. Et l'on croit que le trèfle et la jachère peuvent seuls les prévenir.

Les éteules de colza reçoivent pour le blé trois labours, ou seulement un et demi. Il en est de même des chaumes du blé avant l'orge d'hiver, et des éteules de celle-ci avant le seigle. Pour le froment, on peut labourer par un temps humide, mais pour le seigle, il faut autant que possible qu'il fasse sec.

Les champs moins fumés sont destinés au trèfle, ceux qui le sont davantage portent les fèves, pour lesquelles on fume de nouveau, mais sans ajouter de nouvel engrais pour le blé et le seigle qui suivent.

Le froment ne réussit pas après l'orge d'hiver, il est dans ce cas privé de racines, et par suite il verse lorsque les grains commencent à se former dans l'épi. Le seigle dans les mêmes circonstances rend d'autant plus.

Un autre assolement est encore en usage dans les fonds du pays de Clèves; nous le donnerons au chapitre du système d'assolemens.

Sur une bonne argile sableuse avec une culture soignée, on trouve en Brabant : 1 *Sarrasin*, 2 *blé*,
3 *seigle*, *puis navets*, 4 *avoine*, 5 *trèfle*, 6 *orge
hivernée*, 7 *seigle* dans lequel on sème des carottes.
Chaque année, à l'exception de celle du trèfle, le
champ reçoit une fumure. Que n'obtient-on pas avec
de l'argent et de l'engrais !

§ 5. AGRICULTURE CÉRÉALE LIBRE (*Freye - Kœrner-
wirthschaft*).

Autant l'agriculture céréale proprement dite s'éloigne
du système des assolemens, autant l'agriculture céréale
libre s'en rapproche. Souvent elle se confond tellement avec lui que dans beaucoup de circonstances
il est difficile de discerner auquel des deux un assolement appartient.

Parce que je lui donne le nom d'agriculture libre,
il ne s'ensuit pas qu'elle soit sans marche certaine,
et encore moins qu'elle ne dépende que du caprice
du cultivateur, mais uniquement qu'elle n'est soumise
ni aux règles de l'agriculture triennale, ni à celles
de l'agriculture quadriennale ou quinquennale, et
qu'elle ne se fait pas scrupule de prendre deux et même
trois récoltes de céréales de suite. Elle est donc vraiment libre, ne considérant que son avantage, mesu-
rant sa force ainsi que sa faiblesse, et ayant égard à
toutes les circonstances accessoires. Cependant elle n'a-
git pas sans règle fixe, car la licence n'est pas la liberté,
ce n'est que l'esclavage du désordre et une source
de destruction. Elle s'impose des bornes qu'elle ne
dépasse pas sans nécessité, mais aux limites desquelles

elle ne s'astreint pas non plus d'une manière servile, quand les circonstances exigent le contraire. Sa liberté est dans la manière de se mouvoir, et non dans une versatilité de système, car rien n'est plus dangereux que de n'avoir point de système arrêté.

Il n'y a que les très-petites agricultures, qui, avec abondance d'engrais et suffisamment de bras, puissent se permettre de n'avoir point de principe fixe, parce qu'il leur est toujours facile de passer de l'un à l'autre. C'est ainsi qu'elles peuvent profiter de chaque avantage que leur offre le changement de circonstances, ou l'état de leurs terres, et parfois atteindre l'impossible. Ces sortes d'agricultures déréglées se rencontrent dans diverses contrées, mais toujours là où l'industrie a acquis un grand développement, comme en Alsace, dans les Pays-Bas, et même souvent dans des fermes considérables de l'Angleterre.

« Ces gens (les habitans de la Haute-Alsace), dit un jeune voyageur dans les Annales de Magelin, s'enquièrent attentivement quelle est la production qui réussit le mieux après une autre; mais quand on leur parle de rotations régulières, ou de système d'agriculture, ils ne vous comprennent pas, et ils tiendraient pour fou celui qui s'y astreindrait et qui ne cultiverait pas ce qui serait le plus en rapport avec l'état de son champ et les circonstances du moment. » Je dois cependant convenir que je n'ai pas rencontré ce genre d'agriculture dans la Basse-Alsace, quoique sa culture soit plus avancée que celle de la Haute-Alsace. Les agriculteurs de ce pays ne s'astreignent, à la vérité, pas toujours à cultiver les mêmes céréales; mais ils ne s'écartent pas de leur système. Seulement au-

32

dessus de Strasbourg, les agriculteurs triennaux ont quelquefois recours à un changement, mais comme ils ne gerbent pas leurs champs, ce n'est que quand ils ne peuvent plus se rendre maîtres de la moutarde sauvage. Ils remplacent alors tous les 6, 9 ou 12 ans, l'orge par une récolte sarclée. Au lieu donc d'avoir comme précédemment : *Blé, orge, tabac, blé, orge, fèves,* ils ont : *Blé, maïs, tabac, blé, orge, fèves.* Trois récoltes de céréales au lieu de quatre en 6 ans, ou cinq en 9 ans. De cette manière l'agriculture triennale peut être convertie en une louable agriculture libre. Quelques villages ne profitent pas de cette liberté, préférant la routine à leur avantage et à celui de leurs champs. Ils ont des yeux pour dormir et non pour voir.

« Il est peu d'endroits en Angleterre, écrit M. de Knobelsdorf, où l'on procède d'une manière aussi systématique et aussi régulière que chez nous. Aussi est-il douteux qu'un fermier anglais se laissât prescrire une semblable rotation pour la totalité de ses champs, quoiqu'il promette d'en mettre tous les ans une quantité déterminée en *turneps, trèfle ou pâturage.* »

Le prince des fermiers anglais, le célèbre Ducket, n'avait pas d'assolement fixe ; il prétendait même que chacun devait s'attacher à trouver ce qui était pour lui le plus sûr et le plus profitable ; que c'était cela qu'il fallait semer, sans se lier à un système invariable, et s'il intercalait autant que possible une année de pâturage entre deux années de céréales, il ne se faisait également pas scrupule de prendre deux récoltes successives de grains. Seulement il ne faisait jamais suivre de l'avoine par de l'avoine, ni de l'orge par du blé,

plutôt du blé par du blé. Il trouva que l'orge pouvait
très-bien se succéder à elle même, et fit l'expérience,
qu'en labourant une année profondément et l'autre
superficiellement (ce qui était un de ses grands principes), et en fumant convenablement, on pourrait
cultiver l'orge dix ans de suite sur le même champ et
en obtenir constamment des récoltes satisfaisantes.
Lorsque sa terre s'épuisait il la mettait en pâturage
pendant quelque temps, et l'ensemençait ensuite avec
l'espèce de céréale dont il espérait tirer le plus haut
prix. Qand le mauvais temps contrariait ses projets il
en était peu embarrassé, et considérait comme un
grand avantage de pouvoir, au moyen de ses pro-
fondeurs diverses de labours, remplacer la production
manquée par une autre. Par cette méthode il pen-
sait pouvoir faire succéder les diverses céréales les
unes aux autres selon sa fantaisie, ce qu'il considérait
comme impossible avec toute autre. Quand la moisson
était tardive il semait, par un temps humide, des
turneps dans ses champs de blé, lorsque celui-ci commençait déjà à monter en épis, et il en obtenait vers
Noël de très-belles récoltes qu'il faisait consommer
sur place. Son opinion sur la jachère était qu'on ne
pouvait s'en dispenser sur une terre forte, mais qu'elle
ne devait pas être pratiquée sur une terre légère. Il te-
nait beaucoup aux récoltes dérobées, mais à condition
qu'elles seraient mangées sur place. C'était là un judicieux agriculteur libre !

Si l'on entend par agriculture libre, celle qui, sans
appartenir à l'agriculture céréale proprement dite,
s'écarte également des systèmes triennaux, quadrien-
naux et quinquennaux, et cultive cependant plus de

grains que l'agriculture d'assolement, cette agriculture ne se rencontre nulle part plus fréquemment
qu'en Belgique. Les céréales d'hiver et les plantes commerciales en font la base. On n'y néglige cependant
point le trèfle et les pommes de terre. Autant qu'il
est possible sans nuire à la récolte suivante, on cherche
à prendre une récolte dérobée de navets ou de carottes. Les engrais de toute espèce, solides et liquides,
pailleux et terreux, ou provenant de récoltes vertes
enfouies, ainsi que les cendres, ne sont point écono-
misés. Il faut qu'une terre soit bonne pour ne pas
être fumée tous les ans, et très-bonne pour qu'on
ne la fume que tous les trois ans. Si on n'a point
de jachère on cherche à la remplacer par la charrue,
la herse, la fourche, la pioche, le râteau, en un
mot par tous les moyens manuels imaginables, ainsi
que nous le dirons plus loin à l'article de l'assolement des belges, que nous prendrons également pour
tipe du genre, attendu qu'il est souvent très-difficile
de tracer des limites certaines, et qu'une discussion
sur les mots peut faire oublier la chose.

En terminant, je rappellerai que des circonstances
extrêmement favorables, une terre très-fertile, un
excédant d'engrais, ou une industrie poussée au der-
dier degré, peuvent seuls permettre de s'écarter de
la règle établie, car tous les agriculteurs ne sont
point des Ducket. Ceux surtout qui mènent leur affaire plus en grand doivent peser mûrement les con-
seils que nous empruntons à l'honnête Koppe : plus,
dit-il, le sol est pauvre et avide d'engrais, moins on
doit s'écarter de l'ordre adopté. Le plan arrêté doit
être suivi en conscience, sans quoi tout l'édifice peut

être ébranlé et courir risque de s'écrouler. Un des avantages d'un ordre de choses immuable est que les ouvriers s'y accoutument, et exécutent mieux et avec plus de zèle et de plaisir les travaux qu'il réclame, circonstance très-importante dans les temps critiques. Le cultivateur qui n'a qu'un capital borné à sa disposition est sans soutien. S'il quitte l'ornière et emploie à une branche quelconque plus qu'il ne devrait, s'il fait des dépenses qui ne soient pas en rapport avec sa position, ses affaires s'embarrassent. Il ne peut se mettre à l'abri de petits accidens. Il est toujours dépendant du moment présent. Ses époques de payement arrivent avec rapidité, il faut donc que ses recettes aient la même régularité, et un système fixe et inébranlable est son seul appui.

CINQUIÈME SECTION.

SYSTÈME D'ASSOLEMENS. (*Fruchtwechsel.*)

Ce beau système d'agriculture, dont on a tant parlé depuis quelque temps, est antérieur à notre époque, et quoique dans le cours de cet écrit il ait été de ma part le sujet de quelques observations critiques, je ne voudrais pas être considéré comme son détracteur. Les seules choses qui m'en déplaisent sont les bornes étroites qu'on lui assigne, la supériorité sans réserve qu'on lui attribue, les louanges outrées dont il est l'objet, comme s'il était le sauveur de l'agriculture, et les comparaisons injustes, ou au moins hasardées, faites entre lui et les autres systèmes. Chaque chose a son bon côté, et tout dépend souvent d'un choix

judicieux. Les circonstances seules peuvent décider
de la préférence à donner à un assolement, car nous
l'avons déjà dit : Le mieux n'est pas toujours le meilleur, et sans nous attacher au nom, nous devons
choisir le système qui convient le mieux à notre position. Mais lorsqu'on envisage la chose d'une manière
restreinte, comme le noble Pictet, ou avec quelque
partialité, comme le célèbre A. Young, ou qu'on n'a
pas eu le temps de mûrir son expérience, comme l'u-
tile Schubart, il est possible qu'on se laisse influen-
cer dans son choix par ses préjugés, et qu'on ne voie
pas ce qu'il y a de défectueux chez soi ou d'utile chez
les autres. Une mère n'a d'yeux que pour son nour-
risson, et seulement pour voir ses bonnes qualités.

Ce système d'agriculture, grand et majestueux, et
surtout séduisant dans ses apparences, fut prôné dans
ces derniers temps par quelques hommes de mérite
qui le mirent au jour ; car quoiqu'il fût connu depuis
long-temps dans diverses parties de l'ouest, il n'avait
point encore franchi les lieux où il reçut sa première
application, faute d'une recommandation officielle et
imposante, jusqu'à ce que les voyages d'A. Young le
révélèrent, et que Thaer, le premier agronome de
l'Allemagne, le fit connaître. Avant cette époque il
n'existait guères qu'en Alsace, sur le Bas-Rhin, dans les
Pays-Bas et en Angleterre, d'où les ouvrages d'agriculture l'ont propagé dans le reste de l'Allemagne, tandis
qu'il commence également à se répandre en France.

A l'exception du voisinage des villes, le système
d'assolement doit son existence au trèfle, car sans
trèfle, comment pourrait-on à la longue alterner ?
L'agriculture biennale s'empara de celui-ci avec avi-

dité, et par son adoption non-seulement diminua la jachère, mais eut encore occasion de s'adonner également à la culture des plantes commerciales, et, par leur introduction, de restreindre de plus en plus la jachère, et même de la bannir entièrement des bonnes terres. Nous avons vu quelle part le trèfle a eu à l'amélioration du système triennal : lui seul a rendu celui d'assolement possible. Et si ce système a été adopté plus tôt dans les Pays-Bas, c'est parce qu'on y a plus tôt connu le trèfle.

Par le mot d'assolement, pris dans son acception la plus rigoureuse, on entend une rotation dans laquelle deux récoltes de céréales se suivent le moins possible immédiatement, mais où une récolte qui salit, ou durcit le sol, est suivie d'une autre qui le nettoie ou l'ameublit. L'avantage qui en résulte pour les céréales est si palpable, que toute explication à cet égard serait superflue, surtout si, comme de raison, l'on considère la céréale comme récolte principale, et l'autre comme récolte préparatoire à celle-ci. Ce n'est cependant pas une condition de ce système que la préparation de la terre ait lieu uniquement au moyen de certaines récoltes. Elle peut tout aussi bien, et même sur les terres fortes, elle peut beaucoup mieux être obtenue au moyen de la jachère complète, quoique l'emploi de celle-ci, hormis quelques contrées, n'ait maintenant presque plus lieu que par exception Ce n'est d'ailleurs pas une infraction au coran du système d'assolement que de prendre quelquefois deux récoltes de céréales de suite. Et s'il dépendait de nous de maintenir la terre dans un état constant de propreté et d'ameublissement, une succession non interrompue de trois de ces récoltes ne serait pas contraire à un bon assolement. Mais comme ces conditions ne peuvent être obtenues qu'à grand peine, et dans des circonstances particulières, nous ne devons considérer cette succession de récoltes que comme une exception à la règle, et même ne nous permettre que rarement deux récoltes de grains de suite, ainsi que le feront voir les exemples que nous citerons.

Quelques partisans du système d'assolement, en Angleterre et en France, ont, sous ce rapport, poussé la chose jusqu'à la pédanterie, et déclaré irrationnel tout assolement dans lequel deux céréales se suivent. *Nefandum crimen et morte piandum.* A. Young va jusqu'à trouver un assolement d'autant plus parfait, qu'il renferme moins de récoltes de grains, n'y en eût-il que deux en six ou sept ans. Ce serait très-bien si chaque brin portait deux épis, et que la paille fût de la grosseur du doigt. Mais comme toute chose en ce monde a ses limites, il faut aussi en mettre à notre prédilection pour un système. D'après cela nous tiendrons un juste milieu entre les deux extrêmes, et nous ne nous ferons point conscience d'honorer du nom d'assolement une rotation qui aurait deux et même trois récoltes de céréales successives, pourvu qu'elle en ait moins que les deux tiers du tout ; car, qu'un assolement renfermant trois récoltes de céréales et trois autres récoltes, les fasse alterner entre elles chaque année, ou bien qu'il prenne chacune des deux espèces trois ans de suite, cela revient au même pour le champ, en tant que le cultivateur puisse parvenir à le cultiver convenablement, ce qui, à la vérité, est plus difficile dans le second cas que dans le premier.

Il ne sera pas superflu d'indiquer ici, pour ceux qui ne sont pas au courant de la matière, ce que l'on entend par Agriculture d'assolement (*fruckttvechsel*), en opposition avec l'Agriculture à céréales (*koerner-wirthschaft*).

La plus grande différence entre elles, prise dans l'acception la plus rigoureuse, consiste dans le partage que la dernière a fait du sol en prairies pérennes, et en terres arables toujours soumises à la culture. Ce qui est chez elle prairie reste prairie, ce qui est terre arable reste terre arable. Dans l'agriculture d'assolement, au contraire, tout se confond, et cela de telle sorte, que le champ qui produit des plantes fourragères porte l'année d'après ou l'une des suivantes, des céréales, d'où résulte une continuelle alternation entre les deux espèces de produits.

De ce qui précède on voit que l'agriculture d'assolement peut se suffire à elle-même sur un terrain favorable à la culture du trèfle et des autres plantes fourragères, tandis que l'agriculture céréale au contraire ne peut exister sans une addition proportionnelle de prairies. Néanmoins les circonstances sont ordinairement telles, qu'aucune des deux agricultures n'existe dans son état de pureté, c'est-à-dire que l'agriculteur de céréales cultive aussi des fourrages artificiels, et que l'agriculteur d'assolement a des prairies naturelles.

Chez ce dernier, c'est plus ou moins le cas, selon que sa terre est plus ou moins fertile, et qu'il ne s'adonne pas uniquement à la production du fourrage, mais aussi à celle des plantes commerciales.

Il en résulte encore que l'agriculture céréale peut

33

très-bien subsister dans des circonstances convenables, indemniser le cultivateur de ses travaux, et maintenir la terre en bon état, mais que sa prospérité diminue dans la même proportion que l'étendue de ses prairies, tandis que l'agriculture d'assolement, appuyée sur ses propres ressources, peut au besoin se passer de secours, et ressent moins les effets des circonstances contraires.

Si à ces considérations, dont la justesse ne peut être méconnue, nous ajoutons que la nature favorise une variété continuelle dans ses produits, un agriculteur impartial ne mettra point en doute les avantages, et même la nécessité d'une alternation bien entendue dans les productions du sol, et s'il ne l'adopte pas pour lui-même, ce qui peut ne pas dépendre de lui, il donnera, au moins dans sa pensée, la préférence à un système qui paraît se rapprocher le plus possible des lois de la nature, et ce système est incontestablement le système d'assolement.

Pour classer dans un ordre convenable les exemples que nous nous proposons de citer, nous rapporterons d'abord ceux qui ne renferment point de plantes commerciales, et ensuite ceux dans la composition desquels elles entrent. Et comme le climat et les modes de culture importés des pays étrangers exercent une grande influence sur la distribution des assolemens, il ne sera pas inutile d'indiquer en même temps les contrées où ceux-ci sont en usage. Il pourra également ne pas être désagréable à quelques-uns de mes lecteurs, d'apprendre de quelle manière ils sont mis en pratique, car ce n'est pas assez de savoir ce que l'on peut faire, il faut encore apprendre comment on doit faire.

§ 1. SYSTÈME D'ASSOLEMENT SANS PLANTES COMMERCIALES.

A. *Angleterre.*

Je commence par cette île que l'on considère aujourd'hui comme ayant été le berceau de l'agriculture d'assolement, et d'où des pratiques plus raisonnables auraient commencé à se répandre sur notre continent. Si l'on nous dit que quelques agriculteurs anglais, quoique comparativement en petit nombre, ont adopté le système d'assolement, et que quelques comtés de l'Angleterre se distinguent par une agriculture remarquable, c'est l'exacte vérité. Si l'on ajoute qu'une portion de l'Allemagne, et principalement les parties de l'est et du nord-est, sont redevables de l'introduction chez elles du système d'assolement aux louables efforts de quelques agronomes anglais assistés de quelques auteurs allemands, ce sera encore très-vrai. Si l'on nous dit enfin que les écrits de ces hommes recommandables ont contribué à donner à l'agriculture d'une grande partie de l'Allemagne, un ordre plus rationnel, c'est une chose incontestable. Aussi les services de Young, de Marshall et de Thaer, ne tomberont jamais en oubli. Mais si l'on s'imaginait que le système d'assolement était inconnu sur les bords du Rhin, depuis la Suisse jusqu'à la mer du nord, et depuis le Rhin jusqu'à la France et la Manche, l'on se tromperait fort, car au contraire il y était dès long-temps en usage. Et si l'on croit que ce système soit le seul, ou seulement le système pré-dominant de la Grande-Bretagne, on ne se trompe pas moins. Enfin si l'on se persuade que l'agriculture de l'Angleterre a une supériorité marquée sur celle de l'Allemagne, et que pour s'instruire, c'est en Angleterre qu'il faut aller étudier et chercher ce que l'on ne trouverait nulle part ailleurs, l'erreur est encore plus grossière.

Quelque partialité que les anglais aient en général pour tout ce qui leur appartient, et pour leur agriculture en particulier, celle-ci ne peut supporter un examen détaillé. Young, qui a rassemblé les rapports adressés au bureau d'agriculture sur les assolemens, et élevé bien haut le petit nombre de ceux qui méritent notre approbation, ne pouvait dissimuler sa mauvaise humeur sur le grand nombre des assolemens défec-tueux. D'après lui on trouve en Angleterre :

Jachère, blé, orge, avoine,

Blé, orge, avoine, avoine, herbages,

Blé, blé, orge, trèfle.

Avoine, avoine, orge, avoine, et ainsi de suite pendant 12 années consécutives.

Jachère, blé, blé, orge, orge, avoine, avoine, avoine, et toujours de l'avoine aussi long-temps que la terre peut en produire.

Jachère, blé, orge, avoine, orge, avoine, avoine, avoine, et puis, ajoute A. Young, mauvaises herbes et misère.

Blé, blé, blé, orge, trèfle.

Une *jachère stérile* dans les environs de Londres, où l'on peut à volonté se procurer de l'engrais * !

____

* Que n'aurait pas à dire un paysan flamand à un pareil agriculteur anglais.

« Que l'on juge d'après ces exemples, dit A. Young, de l'ignorance profonde de la plupart des cultivateurs anglais, ignorance qui doit de nos jours exciter le plus grand étonnement. Dans le Cheshire, le Lancashire, le West-Moreland, le Cumberland, le Sommerset et le pays de Galles, on trouve des systèmes d'agriculture qui paraissent n'avoir été imaginés que pour résoudre le problème de la plus prompte détérioration possible du sol. Dans d'autres provinces, où l'agriculture est moins mauvaise, on trouve néanmoins d'étranges usages : c'est ainsi que dans le Hampshire la *jachère* suit le *trèfle*, dans le Sommersetshire elle suit les *fèves*, dans le Herefordshire les *turneps* ; dans le Wiltshire et dans une partie du Yorkshire, on plante les *turneps* après le *trèfle* et ainsi de suite dans une grande partie du royaume. » Honneur à qui le mérite, mais pas plus que de droit ! Passons à quelque chose de mieux.

a. *Assolement triennal.*

Je n'ai ici qu'un seul exemple à rapporter, celui de M. Greenhill en Essex que cite Sainclair, savoir :

1 Pommes de terre,
2 Froment,
3 Trèfle.

Les pommes de terre reçoivent une très-forte fumure. Par suite des soins et de l'activité apportés dans les travaux de M. Greenhill, le blé a, dit-on, communément rendu 35 hectolitres par hectare (40 bushels par acre). » Cette rotation, ajoute Sainclair, fut suivie dans le même champ pendant trente ans de suite avec un résultat toujours satisfaisant, et trouve maintenant un grand nombre d'imitateurs. » Il ne dit pas de quelle nature était le sol. Nous devons convenir que là où le trèfle peut ainsi prospérer, il serait impossible d'imaginer un assolement plus productif.

b. *Assolement quadriennal.*

Ici se présente en première ligne l'assolement anglais tant prôné :

1 Turneps fortement fumés, soigneusement nettoyés et sarclés, consommés sur place, ou fourragés à l'étable,
2 Orge,
3 Trèfle,
4 Blé.

Cet assolement que l'on a si légèrement cité comme le plus usité en Norfolk, ne s'y présente, pour ainsi dire, que par exception, et seulement dans la partie méridionale du comté, où le sol est plus compacte. Un semblable terrain peut seul supporter un retour aussi fréquent du trèfle et du froment, ainsi que nous le ferons voir tout à l'heure à l'article des assolemens de six soles. Abstraction faite de cet inconvénient l'on ne saurait nier que cet assolement ne produise tout ce qu'on peut exiger d'une rotation sans plantes commerciales, et ses partisans ne sont point blâmables de lui rester fidèles, s'il peut être durable, mais il est à craindre que ce ne soit qu'en peu d'endroits. Comme nous trouvons en Allemagne mieux notre compte avec les pommes de terre qu'avec les navets, on peut les substituer à ces derniers, mais la terre y perdra plus qu'elle n'y gagnera, et l'assolement en deviendra encore moins durable. Dans mon opinion,

cette belle rotation occuperait le premier rang parmi
les assolemens , comme la rotation triennale de Schubart dans le système d'agriculture céréale perfectionné,
si l'expérience ne s'était pas déclarée contre sa durée.
C'est ainsi que le mieux n'est pas toujours le meilleur.

En Ecosse , l'on a changé la distribution de l'assolement de quatre ans, et sur un terrain à turneps on
l'a ainsi modifié :

1 Turneps,
2 Blé de printemps , ou orge,
3 Trèfle,
4 Avoine.

Cette rotation moins épuisante que l'autre a trouvé
beaucoup d'assentimens. « Ses résultats avantageux ,
dit Sainclair, ont mis un fermier laborieux et rationnel,
qui n'avait qu'une ferme de 50 livres sterling , à même
d'en entreprendre trois de la valeur ensemble de
2700 livres sterling. Il serait difficile de trouver une
meilleure recommandation pour un système. » Le blé
après les turneps ne doit pas surprendre , attendu qu'il
n'est question que de blé de printemps, ou de blé
d'hiver semé au mois de mars. On prétend que sur
une terre ainsi préparée , il réussit souvent mieux que
l'orge et que l'avoine. Mais tout ceci ne doit s'entendre
que de turneps consommés sur place par les moutons.
Il est vrai qu'un terrain fertile pourrait par là le devenir
trop, et que les récoltes finiraient par verser. On pare à
cet inconvénient en enlevant préalablement une partie,
quelquefois la moitié des turneps, cependant de telle
sorte qu'il en reste sur toute la surface du champ. On
établit ensuite le parc , et tout le reste est mangé sur
place.

Près d'Edimbourg l'on a :

1 Pommes de terre,
2 Blé,
3 Trèfle,
4 Avoine.

Cet assolement est plus épuisant que le précédent, et seulement avantageux lorsqu'on peut vendre une bonne partie des pommes de terre, et acheter en retour des engrais ainsi que nous le verrons à Hoerd en Alsace. La position du froment est choquante. En Norfolk on lui assignerait, et il semble avec raison, sa place après le trèfle; mais en Ecosse on a l'expérience que sa meilleure récolte préparatoire est la pomme de terre, et que le trèfle semé par-dessus réussit mieux. Il paraît effectivement que dans tous les pays où le sol et le climat sont plûtot secs qu'humides, cet assolement mérite la préférence sur celui de Norfolk. Des pommes de terre bien fumées sont en pareille circonstance, une excellente préparation pour le blé, et la position de l'avoine après le trèfle lui est beaucoup plus avantageuse qu'après les pommes de terre, quelque favorables que lui soient ces dernières. En Flandre la place de l'avoine est fixée après le trèfle, parce qu'on trouve que de toute autre manière elle ne rend pas assez.

Dans une autre partie de l'Écosse, on a cherché à introduire un assolement bien plus riche, savoir :

1 Turneps,
2 Blé,
3 Trèfle,
4 Blé.

On n'économisa pas le fumier, au lieu de douze voitures que l'on donne habituellement aux turneps on en mena vingt. Les turneps furent consommés sur place par les moutons ; on mena sur le trèfle une égale quantité de vase de la mer, et malgré tous ces moyens on ne put amener à bien pour une certaine durée, et sur une terre légère , le blé tout les deux ans. Après quatorze années de tentatives il fallut y renoncer, car les récoltes en paille étaient suffisamment abondantes , mais le grain léger et rare ; il fut prouvé que l'avoine eût remplacé avec succès la seconde récolte de blé , et que quoique l'engrais fasse beaucoup, il ne fait pas tout.

Dans la partie Est du comté de Kent, on trouve sur une terre forte :

1 Jachère ,
2 Blé ,
3 Trèfle ,
4 Blé.

La réussite continuelle du blé est due ici , ou à la terre forte , ou à la jachère , et probablement à ces deux causes.

Dans l'île de Tanet , on cultive sur une terre légère :

1 Jachère ,
2 Orge ,
3 Trèfle ou fèves ,
4 Blé.

Ici nous trouvons , contrairement au système des anglais , la jachère au lieu de plantes sarclées , ce qui est une pierre d'achoppement pour A. Young, aussi ne manque-t-il pas de faire remarquer à cette occasion qu'il n'y a pas de meilleure préparation pour le blé que des turneps mangés sur place par des moutons, ensuite du trèfle. Il est vrai qu'une jachère, répétée tous les quatre ans, est une pratique qui n'est guères moins barbare que celle qui la ramenait tous les trois ans dans notre ancien système d'agriculture. Néanmoins ce même assolement existe sur une terre forte en Lincolnshire, et sur une terre forte et fertile en Suffolk. Les agriculteurs de ces pays devraient nous dire pourquoi ils continuent à suivre un tel système, et si on n'aurait pas sujet de les assimiler à des routiniers allemands.

Dans le comté de Wilts, la distribution de l'assolement de quatre ans est différente. Le sol y est graveleux et sableux.

1 Pommes de terre ou turneps,
2 Blé,
3 Orge,
4 Trèfle.

Rien n'est plus frappant que l'observation que A. Young fait à cette occasion. « On a, dit-il, long-temps suivi sur le sol graveleux de Wilts l'assolement de Norfofk : *turneps, orge, trèfle, blé*, mais la terre s'en est fatiguée et l'on a eu recours à l'assolement ci-dessus. » Ainsi la terre s'en était fatiguée, et cependant l'autre renferme exactement les mêmes productions. Seulement dans un ordre différent. On voit par là quelle influence exerce une distribution convenable. Néanmoins M. le conseiller d'état Thaer croyait encore que *pommes de terre, orge, trèfle, blé*, devaient produire au moins un tiers de plus que *pommes de terre, blé, orge, trèfle*. Quoique cet homme estimable ne veuille pas accorder que l'orge puisse aussi bien réussir après le blé qui suit les pommes de terre, qu'immédiatement après les pommes de terres elles-mêmes, ce qui s'applique également au cas où les pommes de terre seraient remplacées par le trèfle ; il sera cependant forcé de convenir que les pommes de terre qui suivent le trèfle, surpassent en quantité et en qualité celles qui suivent le blé : ce qui serait déjà quelque chose. Il reste ensuite très-problématique, surtout pour les terres légères, que le blé après le trèfle l'emporte sur celui qui vient après les pommes de terre. Cela n'est en général vrai que pour les années humides. Quant à la différence entre l'orge après le blé, et l'orge après les pommes de terre, je me réfère à ce qui sera dit tout à l'heure à ce sujet lorsqu'il sera question de l'assolement de six ans usité en Norfolk.

On trouve encore le même arrangement dans le Hampshire à l'égard des céréales

Jachère,
Blé,
Avoine,
Trèfle.

La jachère après le trèfle, et celui-ci après l'avoine, et non entre les deux céréales, paraissent devoir donner lieu à une observation critique. Cependant il est probable que ce trèfle sert de pâture au printems de l'année de jachère.

C. *Assolement de cinq ans.*

Deux céréales en quatre ans ne suffisant pas à tous les agriculteurs anglais, on y a ajouté en Berkshire, une autre année à céréales. Il en est résulté :

1 Navets,
2 Orge,

3 Trèfle fauché une seule fois,
4 Blé,
5 Orge.

L'assolement du Kent oriental est :

1, 2, 3 Comme ci-dessus,
4 Fèves,
5 Blé.

Dans les Downs du Hampshire, l'assolement de cinq ans diffère beaucoup du précédent dans sa distribution :

1 Navets,
2 Blé,
3 Orge,
4 Trèfle,
5 Avoine ou pois.

D. *Assolement de six ans.*

La difficulté de faire produire au sol du trèfle et du blé par une rotation continue de quatre ans, a mis les partisans de ce système dans un grand embarras ; et son plus grand partisan lui-même, A. Young, ne peut dissimuler le sien. Mais au lieu d'abandonner cette méthode, ce qui eût été sans contredit le plus sage, il chercha à la modifier par différens palliatifs tels que la chicorée et le fromental, surrogats, qui ne conviennent pas à tout le monde. « L'on a, dit un des rapports au bureau d'agriculture, essayé de différens systèmes en Northumberland, entre autres de l'assolement tant vanté, *turneps*, *orge*, *trèfle*, *blé*, jusqu'à ce que les récoltes, surtout celles de trèfle et de racines, eurent commencé à diminuer sensiblement, et à tel point qu'un pâturage de trois ans peut seul les

remettre. » Un autre anglais, Moseley, dit ailleurs :
« La rotation *turneps*, *orge*, *trèfle*, *blé*, peut être
bonne dans d'autres localités, mais chez moi, en
Suffolk, le trèfle a déjà manqué deux fois, et par suite
le blé n'était pas ce que j'attendais. Je me décidai
d'après cela à la changer. » Que faut-il donc penser
d'un assolement avec lequel on ne peut compter,
ni sur les récoltes racines, ni sur le trèfle, ni sur le
blé ? La mauvaise issue de l'adoption de ce système
à Hofwyl, du moins par rapport au trèfle, est connue *.

L'on aurait grand tort de vouloir attribuer à une
province dont l'agriculture peut servir de modèle,
comme celle de Norfolk, un système aussi éventel,
quoiqu'elle lui ait donné son nom. Ce n'est que dans
la partie Sud, plus fertile que les autres, et qui n'est
qu'un dixième du tout, que l'on a conservé la rotation de quatre soles. Les autres neuf dixièmes ont
adopté, depuis plus de cent cinquante ans, un assolement de six ans, qui ne saurait être mieux combiné
pour leurs terres sableuses ; savoir :

1 Turneps,
2 Orge,
3 Trèfle et ray-grass fauchés une seule fois,
4 Pâturage,
5 Blé,
6 Orge.

Un dixième est quelquefois semé en pois, vesces,
avoine, sarrasin, et comme cet assolement n'est
pas aussi favorable à la propreté des terres que celui
de quatre ans, ce dixième est souvent aussi en jachère. « C'est ici, dit Marshall, qu'on trouve l'a-

---

* Voir ma description de l'agriculture d'Hofwyl. (Note de l'auteur).

griculture de Norfolk dans toute sa pureté, et qu'une longue expérience a fait apprécier l'excellence d'un système si convenable aux terres sableuses peu profondes. »

Lorsque la rotation se trouve dérangée par la non réussite des turneps, le champ reste en jachère jusqu'au printemps suivant, pour être alors ensemencé en orge; ou bien, ce qui arrive plus fréquemment, on le met en blé dès l'automne, et on répand au printemps suivant le trèfle et le ray-grass. Mais, quand c'est le trèfle qui manque, il est déjà plus difficile de rétablir l'ordre de succession des récoltes; on sème alors des pois en remplacement; l'année suivante, du sarrasin pour être enfoui en vert, puis du blé; ou bien, au lieu des pois, de l'avoine avec du trèfle suivi de blé. Dans le premier cas, l'assolement serait le suivant :

1 Turneps, 2 orge, 3 pois, 4 jachère avec sarrasin pour enfouir, 5 blé, 6 orge.

Dans le second cas :

1 Turneps, 2 orge, 3 avoine, 4 trèfle, 5 blé, 6 orge.

Dans l'assolement de six ans, après que le bétail a brouté le pâturage du trèfle de l'année précédente, pendant la première moitié de l'été, on le met sur le trèfle de l'année courante, qui alors a déjà été fauché et a commencé à repousser. A l'arrière-automne, le bétail passe aux champs de turneps, de sorte qu'en Norfolk le pâturage dure toute l'année, à l'exception des temps de neige et de gelée.

Marshall prétend que l'orge après le blé y réussit en général mieux que celle qui vient après les turneps. Je suis en cela de son avis, et quiconque veut connaître un assolement modèle, doit étudier celui de six soles du comté de Norfolk.

Pour la rareté du fait, je rapporterai encore ici le singulier assolement de Nereford.

1 Jachère,
2 Blé,
3 Orge,
4 Trèfle,
5 Avoine,
6 Turneps.

Cet assolement n'était dans le principe probablement que de cinq ans, et la mode, ou le besoin de turneps, y aura ajouté la sixième année. Si une jachère stérile, après des turneps cultivés à l'anglaise, est une monstruosité, il n'en serait pas de même si ces turneps étaient cultivés à l'allemande, c'est-à-dire mal, ou point du tout soignés. Ce serait seulement dommage pour le fumier.

B. *Belgique.*

Comme l'agriculture de ce pays repose entièrement sur la production des plantes commerciales, il est rare d'y trouver un assolement dont celles-ci ne fassent point partie, et encore il n'est jamais suivi qu'en petit. C'est ainsi qu'entre Mechlen et Anvers on rencontre l'assolement de quatre ans du comté de Norfolk.

1 Pommes de terre,
2 Avoine,
3 Trèfle,
4 Blé et navets en récolte dérobée.

Dans cette localité le trèfle se maintient bien avec cet assolement, seulement il faut pour cela labourer très-profondément. On obtient ce résultat en faisant passer deux charrues dans la même raie, et en adaptant à la dernière un second versoir mobile. qu'un homme tient au moyen d'un manche. Pour 1, 2 et 4 on fume, et pour 3 on répand des cendres. Rien ne réussirait sans fumier sur cette terre sableuse.

L'assolement suivant est le plus usité dans cette contrée :

1 Pommes de terre,
2 Seigle, puis navets,
3 Avoine,
4 Trèfle,
5 Blé, puis navets.

Quelquefois le blé suit les pommes de terre et le seigle, le trèfle, probablement dans les années sèches.

Les procédés vraiment belges, suivis pour cet assolement, méritent d'être rapportés.

Pour les pommes de terre, la terre reçoit avant l'hiver un léger labour, un hersage, puis un labour profond. A la fin de l'hiver un troisième labour et bientôt après un quatrième, un second hersage, 122 voitures à un cheval de fumier par hectare, et finalement un cinquième labour. Les pommes de terre sont plantées à la bêche ; la terre est nivelée, hersée, et la pomme de terre deux fois sarclées à la main.

Pour le seigle, on herse, les planches sont formées à la charrue, on mène 46 voitures à un cheval de fumier, on laboure, on herse, on sème, on roule, on nettoie les raies à la pelle et on sarcle.

Pour les navets en récolte dérobée, on déracine les chaumes du seigle à la charrue, et on herse, les éteules sont ensuite rassemblées au râteau et enlevées. Les autres opérations sont : labourer, herser, semer, herser de nouveau et rouler.

Pour l'avoine, on donne d'abord un labour superficiel qu'on renouvelle au bout de quinze jours, on herse, on mène 122 voitures à un cheval de fumier ; ensuite troisième labour, hersage, semaille de l'avoine et de la graine de trèfle, hersage à la herse puis avec un fagot d'épines, et sarclage.

Le trèfle est arrosé de vingt-deux voitures d'engrais liquide. Pour le blé, les planches reçoivent par un premier labour la forme qu'elles doivent conserver ; on fume avec soixante-une voitures à un cheval d'engrais, on égalise la terre, on sème, on herse, on roule, on nettoie les raies à la pelle, et plus tard on sarcle.

Quant aux navets en récolte dérobée, on suit pour eux les mêmes procédés que pour les autres.

Le produit en nature du seigle, comme du froment, est de 26,7 hectolitres, celui de l'avoine est de 42.

Il ne sera pas superflu d'indiquer exactement les frais et les produits de cet assolement. Je les rapporte ici avec la remarque que les dépenses pour fumier, semence, attelage et travaux manuels sont comprises dans les frais aux prix du pays, mais non la rente de la terre. Les récoltes sont supposées vendues aux champs, ainsi qu'il est toujours facile de le faire. Les calculs sont basés sur une étendue d'un hectare.

	Frais.		Produit.	
Pommes de terre........	458^f	57^c	750^f	»^{c}
Seigle...............	171	43	407	14
Navets en seconde récolte.	22	50	68	57

	FRAIS.		PRODUIT.	
Avoine	388^f	»^{c}	246^f	43^c
Trèfle	25	71	407	14
Blé	220	71	428	57
Navets en seconde récolte.	22	50	68	57
Pour les 5 hectares....	1309	42	2376	42
Ou par hectare........	261	88	475	28
Produit net de la totalité...................			1067^f	»^{c}
Produit net par hectare...................			213	40

Produit net qu'il ne sera possible d'obtenir qu'en peu de localités et dans des circonstances peu com—munes.

A Conti, on rencontre l'excellent assolement suivant:

1 Fèves ou sarrasin.
2 Froment, ensuite navets,
3 Avoine,
4 Trèfle,
5 Orge d'hiver ou avoine.

Il est en usage dans les enclos entourés d'arbres, dont le sol est une argile humide, et où l'on ne cultive jamais ni seigle, ni pommes de terre.

C. *Contrées du Rhin et de la Moselle.*

a. *Assolement de quatre ans.*

On le rencontre très-fréquemment dans la dernière de ces contrées, où il forme de temps immémorial la rotation habituelle de plusieurs districts. On serait tenté de croire que les agriculteurs anglais sont venus à l'école chez ceux de ce pays-ci, ou bien que ceux-ci y ont été chez les anglais. Les terres de tous les villages où cet assolement est en usage, sont divisées en deux soles , dont l'une porte des céréales , pendant que l'autre est en jachères ou en diverses productions ; ce qui démontre clairement que l'assolement biennal , encore suivi dans quelques districts voisins, l'était également ici autrefois. Cet assolement de quatre ans correspond , pour le commencement , exactement à celui des anglais.

1 Navets fumés ,
2 Orge,
3 Trèfle ,
4 Blé ou épeautre,
5 Jachère morte fumée,
6 Seigle ,
7 Pois ,
8 Avoine.

Cette addition n'est nullement préjudiciable à l'assolement en question. Lorsqu'on est pourvu d'une suffisante quantité d'engrais , on le termine quelquefois à la cinquième année , en donnant une demi-fumure après le froment, et faisant suivre celui-ci de seigle. L'assolement devient alors quinquennal , sans que l'on soit lié à cette rotation.

N'a-t-on pas assez d'engrais pour fumer tous les quatre ans , l'on passe à une rotation de six ans et l'on a :

1 , 2 , 3 Comme ci-dessus ,
4 Blé ou avoine ,
5 Jachère stérile non fumée,
6 Seigle.

Lorsque les moyens sont suffisans , on rompt l'ordre établi et l'on prend :

1 Navets fumés ,
2 Pois ,
3 Seigle fumé ,

4 Trèfle,
5 Trèfle rompu après la première coupe et suivi de
6 Colza,
7 Blé ou épeautre.

Ces deux assolemens n'appartiennent pas, à la vérité, à ce chapitre; je ne les donne que pour faire connaître les bases libérales et vraiment rationnelles, adoptées par les cultivateurs de mon pays natal. Quelques-uns d'entre eux, dont les champs sont moins entrecoupés par ceux des autres, ont, dans ces derniers temps, adopté l'assolement triennal, pensant par là introduire une amélioration dans leur culture, mais je crois qu'ils ont commis une grande erreur.

Les navets sont fumés avec soixante-quinze voitures à deux chevaux d'engrais. La jachère en reçoit beaucoup moins. Sur les terres légères et chaudes de quelques cantons, les navets ne peuvent être remplacés par les pommes de terre, attendu que, dans ces circonstances, ces dernières ne supportent pas de fumure, et que celle-ci les fait périr dans les années sèches. On les plante dans ce cas après le trèfle.

b. *Assolement de cinq ans.*

Dans les contrées précédentes, on trouve sur des terres médiocres :

1 Jachère morte, fumée,
2 Seigle,
3 Trèfle,
4 Avoine ou pois,
5 Sarrasin.

Lorsque le sol est meilleur on a du seigle à la cinquième année, et quand il est meilleur encore, la série est 4 *froment*, 5 *seigle*.

c. *Assolement de six ans.*

Cet assolement se rencontre sur le Rhin inférieur et dans le pays de Juliers. On l'apprécie beaucoup dans ces contrées où il y a manque de prairie, et par conséquent d'engrais. Voici sa distribution :

1 Jachère fumée,
2 Seigle,
3 Trèfle,
4 Avoine,
5 Jachère non fumée,
6 Seigle.

Ici se présente la question s'il ne vaudrait pas mieux, pour éviter une double jachère en six ans, d'en remplacer une par une récolte sarclée ? Pour la résoudre, il faut prendre en considération la nature du sol, et voir quel est, outre le fumier, l'avantage que la consommation des racines peut produire. J'hésiterais à tenir compte de ce fumier, les récoltes racines en absorbant à peu près autant qu'elles en produisent. Quoi qu'il en soit, la confiance que l'on a dans ce système est tellement enracinée dans ces contrées, qu'un agriculteur recommandable, m'assura que le paysan qui le suivait ne pouvait jamais se ruiner. Un autre me raconta qu'un homme dont le père s'était ruiné en suivant un assolement différent avait, avec celui-ci, parfaitement rétabli ses affaires, et acquis une certaine aisance. De pareils témoignages prouvent souvent plus que des calculs et des théories.

L'on voit clairement que cet assolement a eu pour

origine le système biennal, et que c'est l'introduction du trèfle à la troisième année qui lui a donné sa forme actuelle. Il en est autrement du suivant qui paraît provenir de l'assolement triennal. Il n'est en usage que sur les meilleures terres de fermes assez considérables.

1 Jachère fumée,
2 Colza,
3 Blé, puis navets,
4 Jachère fumée,
5 Orge d'hiver,
6 Seigle, puis navets.

Assolement très-vigoureux! Il ne renferme point de céréales de printemps. En général sur les bords du Rhin, comme en Belgique, on a deux et même trois céréales d'hiver contre une de printemps. La cause en est encore à l'ancien système biennal dont les jachères réitérées donnaient la facilité de semer constamment des céréales d'hiver, facilité dont il n'eût pas été judicieux de ne point profiter. Je conviens que j'ai une prédilection particulière pour l'agriculture des bords du Rhin, elle donne la main à celle du Palatinat et de l'Alsace, mais conçue sur une plus grande échelle, et renfermant par conséquent moins de détails. Si en descendant le cours du fleuve nous y ajoutons le pays de Clèves et la contrée située entre Rhin et Moselle, près de Coblentz et d'Andernach, on peut affirmer qu'aucune autre contrée de l'Allemagne ne possède, sur une pareille étendue, une aussi excellente agriculture que celle qui est pratiquée depuis la Suisse jusqu'aux frontières de la Hollande. Par cette considération j'ajouterai encore quelques observations, ou règles pratiques, concernant l'assolement rhénan, de Bonn aux frontières de Clèves.

1° La jachère se renouvelle tous les six et quelquefois tous les neuf ans. On croirait, vu le manque
de prairies naturelles, ne pouvoir se tirer d'affaire
sans elle. Les cultivateurs de ces contrées la considèrent comme renouvellant les facultés productives
de la terre. Dans leur opinion, elle augmente la quantité ainsi que la qualité du grain et de la paille, elle
divise mieux les travaux champêtres, empêche par
conséquent qu'ils ne s'accumulent aux semailles d'automne, et donne la facilité de faire celles-ci avec
plus de loisir. On calcule qu'au moyen d'une jachère
répétée tous les six ans, on épargne deux chevaux sur
douze.

2° Le trèfle en usage ici est le rouge pour faucher,
et le blanc pour le pâturage des bêtes à cornes.

L'usage de ce dernier a été expliqué à la page 489
de mon ouvrage sur l'agriculture pratique. Le trèfle
rouge est chaulé, ou recouvert de cendres de houille.
On préfère pour cet objet la chaux au plâtre, parce
que l'avoine qui suit le trèfle plâtré n'est pas aussi
abondante en paille et en grains que celle qui suit
le trèfle chaulé. Lorsqu'on n'a pu chauler pour le
trèfle on le fait pour l'avoine au moment de la semaille. Après le trèfle blanc, on sème du seigle sur
deux labours, et sans engrais, la terre ayant déjà été
fumée par le pâturage des bêtes à cornes.

3° Le colza se sème depuis la fin de juillet jusqu'au
douze août. Il est une meilleure préparation pour le
froment que pour l'orge d'hiver. On amende volontiers
pour lui le sol avec des cendres de houille, parce qu'a-
lors il ne gèle pas aussi facilement et fleurit plus
tard.

4° Aux navets en récolte dérobée succède la jachère. Aucune céréale d'hiver ne réussit après eux.

5° Pour le seigle le labour de semaille est superficiel, pour l'orge d'hiver et le colza il est profond.
Les éteules de trèfle sont rompues par un seul labour
avant l'hiver; l'avoine semée à la surface au printemps
est enterrée à la herse.

6° Les pois suivent les pommes de terre fortement
fumées, et après eux vient le seigle. Quelquefois aussi
on sème du blé immédiatement après les pommes de
terre.

7° Le seigle mêlé de gesses n'exige pas une terre
en aussi bon état de fumure que le seigle pur; par
cette raison on sème plus volontiers après le blé le premier que le second; mais dans le premier cas il doit
être plâtré.

8° Lorsqu'on a des champs éloignés, et de mauvaise qualité, on n'y met point d'engrais, mais on les
tient en jachère tous les deux ans.

9° Dans un petit nombre de districts, on avait précédemment trois soles; mais ne trouvant pas ce système
avantageux, on y a renoncé. D'après l'expression du
pays, on semait plus, mais on récoltait moins.

D. *Pays de Juliers.*

Nous allons rapporter les excellens assolemens de
cette charmante contrée.

a. *Assolement de cinq ans.*

1 Jachère fumée,
2 Orge d'hiver,

3 Trèfle ,
4 Avoine ,
5 Avoine.

Cependant on ne sème de l'avoine à la cinquième année, que lorsqu'on a pu répandre de la cendre de houille sur le trèfle , et que celui-ci avait une belle végétation. On considère cette récolte répétée d'avoine comme le meilleur moyen de purger le champ de mauvaises herbes pérennes. (*Wurzelunkraut*). Autrefois au lieu de cette seconde avoine on avait du seigle , mais on a trouvé que l'avoine après l'avoine réussissait mieux.

1 Jachère fumée ,
2 Colza ,
3 Seigle ,
4 Trèfle ou pois , plâtrés ou saupoudrés de cendres ,
5 Avoine.

Dans les bonnes terres l'on a à la quatrième année des pommes de terre , et à la cinquième du blé.

Assolement des meilleures terres :

1 Jachère fumée ,
2 Orge d'hiver ,
3 Seigle fumé .
4 Trèfle ,
5 Avoine.

Comme l'on fume pour le seigle , il s'ensuit que l'on considère l'orge d'hiver comme plus épuisante que le colza. On remarque encore que , quoiqu'on ait fumé pour ce seigle , sa récolte est moins abondante en grains et en paille que celle du seigle après colza sans fumure.

b. *Assolement de six ans.*

Il est le même que celui qui a déjà été indiqué pour les pays du Rhin, d'où il a été importé ici, si ces pays eux-mêmes ne l'ont pris dans le pays de Juliers. 1 *Jachère*, 2 *seigle*, 3 *trèfle*, 4 *avoine*, 5 *jachère*, 6 *seigle*. Dans le pays de Juliers on considère également cet assolement comme très-avantageux et propre à remettre une terre qui est en mauvais état ; aussi le trouve-t-on principalement appliqué aux mauvais terrains. Du reste, dans les terres bien tenues, et où la propriété est plus divisée, la jachère revient moins souvent, et seulement alors que les mauvaises herbes ont pris le dessus, circonstance dans laquelle on devrait, pour les terres fortes, toujours avoir recours à elle. La jachère appartient à ces choses sacrées qu'il ne faut pas négliger, mais dont on ne doit pas non plus faire abus. Elle est reconfortante pour un sol faible, et moyen de guérison pour un sol épuisé. Appliquée à propos, elle peut donner à toute la machine une nouvelle force et une nouvelle existence.

Dans de petites agricultures conduites avec énergie, on rencontre le précieux assolement suivant :

1 Jachère fumée,
2 Colza,
3 Orge d'hiver,
4 Seigle fumé,
5 Trèfle,
6 Avoine.

c. *Assolement de sept ans.*

Sur le sol extraordinairement fertile de Furth, on trouve entre autres :

1 Jachère fumée,
2 Orge d'hiver,
3 Seigle,
4 Trèfle,
5 Avoine,
6 Pommes de terre, ou navets (labour très-profond, forte
    fumure),
7 Orge de printemps.

On considère également pour cette terre si favorisée du ciel, la jachère comme un devoir sacré.
Tous les essais tentés pour s'y soustraire n'ont point
réussi. L'on m'a cependant avoué que quelques-uns
des gros fermiers ou propriétaires, en faisaient un emploi abusif. La faute en est, non à la jachère, mais à
l'indolence de ces cultivateurs.

d. *Assolement de huit ans.*

Cet assolement est adopté dans les grandes fermes,
et appartient plutôt à l'agriculture céréale qu'à celle-ci.

1 Jachère fumée,
2 Blé,
3 Trèfle,
4 Avoine,
5 Orge d'hiver fumée,
6 Seigle,
7 Trèfle blanc pàturé,
8 Seigle.

L'examen de ces divers assolemens aura fourni au
lecteur, sujet à trois observations. La première, qu'il
ne s'en trouve pas un seul qui ne commence par une
jachère. La deuxième, que l'avoine suit toujours le
trèfle. Nous avons trouvé la même chose sur le Bas-
Rhin, et nous le trouverons également dans les Pays-

Bas. Cette céréale, généralement assez mal traitée, ne paraît ce qu'elle vaut réellement que quand on lui assigne la place qui lui convient, et aucune autre n'est plus qu'elle digne de la première. Comme elle a d'ailleurs la propriété de contribuer à nettoyer le sol, elle est la seule plante que l'on devrait faire succéder à du trèfle qui a mal réussi. La troisième observation est que, parmi les exemples cités, il ne s'en trouve qu'un seul qui renferme une récolte racine, preuve que l'on peut s'en passer au moyen de la jachère. Les autres règles à observer dans la succession des récoltes de ce pays sont :

1° Le seigle qui suit l'orge d'hiver ne doit pas être semé avant la mi-octobre, sans cela la terre se recouvre d'une herbe fine qui nuit à sa réussite. L'ensemencement tardif a d'ailleurs l'avantage de permettre que les chaumes d'orge puissent recevoir trois labours avant la semaille du seigle.

2° Le colza est considéré comme préparant encore plus avantageusement la terre à une récolte d'orge d'hiver que la jachère, attendu que dans ce cas l'orge ne verse pas aussi facilement.

3° Dans un terrain compacte et un peu humide, les fèves sont suivies de blé ; dans un sol meuble et chaud, d'orge.

3° L'orge de printemps est toujours suivie de trèfle ou d'une jachère ; les pommes de terre le sont d'orge de printemps ou de blé ; les navets en récolte dérobée, d'orge de printemps ; les pois et le trèfle, d'avoine. La première de ces récoltes d'avoine ne le cède en rien à la seconde, si ce n'est que la paille est un peu moins longue.

5° Les pois ne peuvent se succéder à eux-mêmes avant la huitième ou la neuvième année.

6° L'avoine qui suit une céréale d'hiver ne réussit pas ; celle qui suit le trèfle ou les pois, est trois fois plus abondante.

7° Une excellente méthode est de faire suivre les pommes de terre par une récolte de vesces fourragées en vert, puis d'une céréale hivernée. Que l'on compare maintenant l'agriculture anglaise à celle du Bas-Rhin, y compris le pays de Juliers, et qu'on nous dise si elle offre une aussi grande varitété, et un ensemble aussi heureusement combiné que celui que nous présentent les exemples précités.

E. *Palatinat.*

Comme les assolemens de ce pays ont pour but les plantes commerciales, ou pour base l'esparcette et la luzerne, culture dont il sera parlé plus loin, il ne nous reste que peu de chose à en dire ici. On trouve sur le sol très-sablonneux de Hasloch l'assolement connu de cinq ans : 1 *pommes de terre,* 2 *orge,* 3 *trèfle,* 4 *épeautre,* 5 *orge de printemps ou seigle.*

A Bretzenheim sur la Nahe, dont l'agriculture n'est cependant pas très-digne d'éloges, on trouve l'assolement suivant, qui mérite quelque attention :

1 Navets fumés,
2 Orge,
3 Trèfle,
4 Blé,
5 Jachère non fumée,
6 Seigle.

Si nous établissons une comparaison entre cet assolement de six ans et celui de quatre , le produit de douze années sera :

<table>
<tr><td>Pour l'assolement de 6 ans.</td><td>Pour l'assolement de 4 ans.</td></tr>
<tr><td>Deux récoltes de navets ,</td><td>Trois récoltes de navets ,</td></tr>
<tr><td>Deux récoltes d'orge ,</td><td>Trois récoltes d'orge ,</td></tr>
<tr><td>Quatre récol. de céréales d'hiver,</td><td>Trois récol. de céréales d'hiver,</td></tr>
<tr><td>Deux récoltes de trèfle.</td><td>Trois récoltes de trèfle.</td></tr>
</table>

Les deux assolemens sont égaux sous le rapport des céréales , mais quant au trèfle et aux navets celui de quatre ans en a davantage ; néanmoins, d'après ce que nous avons dit précédemment , il est à croire que les deux récoltes de trèfle du premier assolement surpassent les trois du second. Et il faut observer relativement aux navets , que l'assolement quadriennal a besoin de trois fumures en douze ans , tandis que l'autre n'en exige que deux , ce qui compense amplement une récolte de navets. Du reste , l'assolement de six ans est calculé sur une longue durée , et il n'en est pas de même de celui de quatre ans , dans lequel la réussite du trèfle et du blé est grandement compromise.

Il est certain que le Palatinat doit à la distribution judicieuse de ses assolemens , une grande partie des immenses progrès qu'il a faits en agriculture. Je renvoie à la suite.

F. *Alsace.*

Au Palatinat se réunit la Basse-Alsace , mais comme on rencontre ici aussi rarement que dans le premier de ces pays , un assolement exempt de plantes commerciales, je ne puis citer dans ce paragraphe qu'un seul assolement du genre de ceux dont il traite, mais lequel, vu son importance, réclame toute notre attention. Le sol sur lequel il est suivi est un mauvais sable rouge. Cet assolement consiste en :

1 Pommes de terre fumées, deux fois sarclées, et buttées une fois,
2 Seigle fumé avec des plantes vertes enfouies, navets en récolte dérobée, fumés avec du fumier d'étable et sarclés deux fois,
3 Maïs fumé, sarclé trois fois et butté,
4 Blé de printemps avec plantes vertes enfouies, et sarclé,
5 Pommes de terre comme à la première année,
6 Seigle comme à la deuxième année,
7 Pois sarclés deux fois,
8 Blé de printemps comme à la quatrième année.

En huit ans le terrain reçoit donc 16 cultures à la houe, et 9 fumures, dont 5 de fumier d'étable, 2 de fanes de navets et 2 de plants de colza. Les pois seuls sont cultivés sans engrais. Le trèfle ne réussit pas sur un pareil terrain, de là tant de pommes de terre, qui presque toutes sont vendues, ou pour mieux dire, échangées contre de l'engrais. L'ensemble de cet assolement dénote certainement l'industrie la plus active qu'il soit possible de rencontrer sur la surface du globe. Le lieu où il est mis en pratique se nomme Iloerd, village à 2 ou 3 lieues au-dessous de Strasbourg. Pour éviter une répétition, je dois renvoyer ceux de mes lecteurs qui voudraient connaître les détails de cette agriculture extraordinaire, à la page 201 de la description que j'ai publiée de l'agriculture de l'Alsace.

G. *Pays de montagnes.*

Dans les contrées où ne peut pénétrer ni instruction

écrite, ni instruction verbale, on est réduit à celle de l'expérience, qui, stimulée par le besoin, est plus clairvoyante au milieu des montagnes et des précipices, qu'un naturel timide et indolent ne l'est souvent dans la plaine la plus délicieuse et la plus favorisée du ciel. Rien ne peut être comparé au plaisir de rencontrer une industrie active et judicieuse dans un pays reculé et privé de relations, l'on peut dans ce cas être certain que la route tracée par la main de l'expérience conduit sûrement au but.

C'est ainsi que je trouvai à Stadtberg en Westphalie, à Altenkirchen dans le Westerwald, et à Blankenheim dans l'Eifel, l'excellent assolement suivant :

1	Jachère fumée.		
2	Navets.		
3	Orge,	*ou bien,*	3 Trèfle,
4	Trèfle,	—	4 Pommes de terre,
5	Pommes de terre,	—	5 Orge.
6	Avoine.		

La jachère est quelquefois faiblement fumée, mais alors stimulée par de la chaux éteinte au moyen d'eau de fumier. L'assolement entier paraît être calculé de manière à produire beaucoup avec peu d'engrais. Le trèfle, principalement dans la première colonne, est au milieu de la rotation, et fait par là sentir son influence sans nouvelle fumure, jusqu'à la jachère. Les pommes de terre à la suite du trèfle se trouvent dans leur élément. Les céréales de printemps sont à leur véritable place ; et comme l'orge de printemps nuit plus au sol qu'aucune autre céréale, le trèfle la suit comme moyen curatif, ou bien l'avoine qui est si peu exigeante relativement à la qualité du sol.

(289)

Dans d'autres localités on rencontre :

1 Navets ou pommes de terre fumés,
2 Orge,
3 Pois ou trèfle.
4 Seigle,
5 Avoine.

Faire suivre les récoltes sarclées par des céréales de printemps, celles-ci par le trèfle, les pois ou la jachère ; le trèfle par les pommes de terre ou l'avoine, sont les règles que l'on cherche autant que possible à mettre en pratique dans ces contrées. Sur un terrain peu fertile, il est partout avantageux de faire succéder l'avoine au trèfle. Dans le pays de Clèves on s'en promet un produit de vingt pour un, et là même le seigle réussit mal après le trèfle, ce qui a également lieu dans beaucoup d'autres contrées. Le seigle avec fumure, qui suit de l'avoine après du trèfle, prospère mieux que celui qui vient immédiatement après le trèfle.

Enfin l'assolement suivant est encore très-remarquable. Il nous apprend de quelle manière on peut obtenir pendant de longues années, une succession de récoltes, sur un terrain médiocre, *et avec peu de fumier*, par un choix et un classement judicieux des objets de culture. Le principe fondamental est qu'on ne doit *jamais* prendre deux récoltes de céréales de suite, à moins que ce ne soit de l'avoine à la fin de la rotation. Cet assolement est suivi à Kaisersesch, et dans plusieurs villages des environs, sur la route de Trèves à Coblentz :

1 Navette d'été amendée avec des cendres lessivées,
2 Seigle,
3 Pommes de terre, navets, colleraves, fortement fumés,

4 Orge de printemps,
5 Pois,
6 Seigle,
7 Trèfle plâtré,
8 Seigle,
9 Jachère,
10 Seigle.

Dans le cas où l'on n'aurait pas fumé suffisamment pour la récolte-racine de la troisième année, le seigle de la dernière doit être supprimé, ou recevoir une fumure.

§ 2. ASSOLEMENS AVEC PLANTES COMMERCIALES.

Dans le paragraphe précédent je n'ai cité quelques exemples d'assolemens, dans lesquels entre le colza, que parce que ces exemples étant peu nombreux, je n'ai pas voulu les distraire des contrées où ils sont usités, et les séparer de l'ensemble dont ils font partie. Le colza est d'ailleurs de toutes les plantes commerciales celle qui apporte le moins de trouble dans les récoltes de céréales. Il ne demande point que les autres produits se conforment à ses exigences, c'est lui qui se soumet aux leurs.

Nous n'aurons pas dans ce paragraphe à nous occuper des anglais, attendu que leur but unique est de produire de la viande, des grains, du fourrage, et qu'ils craindraient de se rendre coupables d'un *crimen lesi agri* s'ils tentaient de faire produire à leurs champs une plante commerciale, ou seulement de la graine de trèfle. Nous leur laisserons d'autant plus volontiers leur préjugé que, sous ce rapport au moins, nous n'avons pas à craindre qu'ils nous nuisent. On croira sans peine que dans les contrées où la production des plantes commerciales est en usage, il s'en trouve une ou plusieurs qui fassent l'objet principal de la culture, tandis que les autres produits ne sont, pour ainsi dire, que des accessoires. Tels sont dans le Brabant, le chanvre; en Flandre, le lin; le tabac dans le Palatinat; le tabac et le chanvre en Alsace. Cependant il ne faut pas prendre la chose tellement au pied de la lettre, qu'il en résulte l'opinion que les productions les plus utiles et les plus communes, c'est-à-dire les céréales, soient mises à l'écart. Ainsi le froment occupera toujours le premier rang en Alsace, de même que l'épeautre de printemps (*Dinckel*) dans le Palatinat; le froment et le seigle dans les Pays-Bas et l'orge d'hiver dans les Polders. Les céréales et la paille sont les productions indispensables de tout établissement agricole, surtout si celui-ci est considérable. Le chanvre, le lin, le tabac, la garance, le pavot, ne sont que des moyens d'occuper d'une manière profitable les mains oisives des contrées populeuses, et d'utiliser des heures qui, sans ce travail, seraient perdues. Aussi les pays où la culture de ces plantes a le plus d'extension, sont-ils toujours les plus peuplés.

A. *Belgique.*

Le seigle, et après lui l'orge d'hiver, le blé, l'avoine, le lin, le colza (quelque peu de pavots, de chanvre et de tabac), le trèfle, les pommes de terre et les navets en récolte dérobée, sont les élémens dont se compose l'admirable agriculture des Pays-Bas. La population extraordinaire de ce pays rend indis-

pensable une création extraordinaire de produits naturels, et l'industrie de ses habitans, leur persévérance
et leur activité infatigable la rendent seules possible.
Néanmoins il faut pour cela plus que de la bonne
volonté. Une succession non interrompue de récoltes
réclame une fumure non interrompue, et malgré
l'énorme quantité d'engrais que le flamand achète,
il ne pourrait acheter, ni même trouver à acheter
tout celui dont il a besoin. Il faut donc qu'il cherche
à en créer la plus grande partie; or, comment faire
avec une quantité insignifiante de prairies et point
du tout de pâture? le trèfle, les navets et la paille
sont donc les productions auxquelles il est obligé d'a-
voir recours pour y suppléer. Cependant il restrein-
drait trop ses autres cultures en plaçant les navets
dans la jachère, et les pailles des céréales de printemps sont insuffisantes pour la nourriture et la litière.
Il est donc forcé de s'attacher aux céréales d'hiver, et
c'est par cette raison qu'il les fait se succéder à elles-
mêmes, c'est-à-dire, qu'il en prend deux récoltes successives. La seule céréale de printemps est l'avoine,
et il la sème après le trèfle, parce que c'est dans
cette position qu'elle fournit le plus de paille. L'orge
de printemps est exclue de sa culture. Il donne la
préférence à celle d'hiver, parce que la récolte en est
hâtive, et qu'elle est une bonne préparation pour le
seigle. Il cultive une immense quantité de navets,
mais seulement en récolte dérobée, pour ne pas diminuer ses autres cultures.

La principale attention du belge consiste à faire
choix d'un assolement dans lequel il entre le plus
possible de navets, sans trop nuire aux récoltes

principales suivantes, car les navets sont avec la paille, la seule nourriture avec laquelle il entretienne ses bêtes à cornes de l'arrière-automne au mois de mai. Fumant tous les ans, il achète le fumier qu'il ne parvient pas à produire. Les fleuves, les canaux, les belles routes, les grandes villes, dont le pays abonde, lui sont pour cela d'un admirable secours. Les surrogats du fumier sont les cendres, la chaux, la colombine, les tourteaux de colza, les boues de rues, et les déjections humaines. On y manque de plâtre. L'engrais produit à la ferme consiste pour partie en fumier liquide des étables, auquel on mêle les tourteaux et les excrémens humains. Ce fumier liquide alterne tous les ans avec le fumier solide, et même on les emploie quelquefois simultanément. Les céréales, le lin et le trèfle, toutes plantes qui ne permettent pas de culture à la houe, se succédant sans interruption, un sarclage continuel est indispensable. Comme la jachère morte y est inconnue, les pommes de terre sont pour ainsi dire la seule production qui procure aux champs le bénéfice d'une culture à la houe. Mais aussi le belge porte la plus grande attention à ce que son grain de semence soit parfaitement nettoyé de toute mauvaise graine et de grain léger; il a pour cette opération un crible excellent. Jamais il ne porte de grain sale au marché et encore moins dans ses champs. J'ai jugé nécessaire d'instruire de ce qui précède, le lecteur qui ne serait pas initié dans les pratiques de l'agriculture belge, afin de rendre compréhensible ce qui aurait pu lui paraître énigmatique dans les assolemens.

Exemples d'assolemens de la Belgique.

Rien ne prouve davantage que l'industrie agricole d'une contrée a atteint un point élevé de perfection, que la facilité et la liberté de sa marche; tandis que sa languissante et monotone uniformité est une preuve de la routine aveugle à laquelle elle est soumise. Lorsque le sol, le climat, la position et toutes les autres circonstances influentes, diffèrent tellement, non-seulement de contrée à contrée, mais d'un village, et même d'une ferme à une autre, comment adopter une règle générale pour tous? Ce qui distingue principalement le système d'assolement du système triennal, c'est la liberté qu'il donne de se conformer aux circonstances. Mais ce système lui-même perd une partie de ses avantages lorsqu'il est renfermé dans des limites trop étroites. Que l'on parcourre la Flandre, le pays de Clèves, les provinces Rhénanes, le Palatinat et l'Alsace, où l'agriculture a atteint un si haut point de perfection, l'on verra que les assolemens de ces divers pays ne sont point partout uniformes, et même ceux qui s'y trouvent prédominans, ne sont pas adoptés dans toutes les localités.

Quelle différence entre cette précieuse liberté et la tyrannie du système triennal, qui place chaque sol et chaque position dans la même catégorie, qui réclame du faible autant que du fort, et qui ne rend pas plus à celui-là qu'à celui-ci! Le belge ne s'attache pas aveuglément à la succession rigoureuse des récoltes, ni du système triennal, ni du système d'assolement, mais les fait entrer tous deux dans son assolement, à condition qu'ils ne troubleront pas la liberté de sa marche.

Assolement avec deux cinquièmes de céréales.

1 Pommes de terre,
2 Lin,
3, 4 Céréales d'hiver,
5 Colza repiqué, puis navets.

Les navets à la suite du colza sont considérés comme récolte-jachère, attendu qu'ils sont semés avant la fin de juillet. Ils atteignent une grosseur considérable. Leur produit est estimé à mille paniers par hectare. De cette manière les cinq années produisent six récoltes complètes, ce qui remplace le déficit qu'il paraît y avoir dans les céréales. Quelquefois aussi le colza est supprimé, et les navets sont alors réellement une récolte-jachère.

Assolement avec quatre huitièmes de céréales.

1 Pommes de terre,
2 Lin,
3 Trèfle,
4 Céréale d'hiver,
5 Céréale d'hiver,
6 Colza ou fèves,
7 Céréale d'hiver,
8 Céréale d'hiver, puis navets.

Souvent le colza de la sixième année est remplacé par de l'avoine, sans qu'il soit rien changé aux septième et huitième années. L'on a donc alors cinq récoltes successives de céréales. C'est une tâche que même un sarclage continuel rend difficile. Aussi les cultivateurs du pays conviennent-ils que les deux dernières récoltes de céréales sont meilleures quand elles ont été précédées par du colza que par de l'avoine. Lorsque le terrain le comporte, la première céréale d'hiver est toujours du blé ou de l'orge d'hiver; la seconde du seigle. Le trèfle et le lin réussissent particulièrement bien dans cet assolement.

Assolement avec trois sixièmes de céréales.

<table>
<tr><td>a.</td><td>b.</td></tr>
<tr><td>1 Pommes de terre,</td><td>1 Pommes de terre,</td></tr>
<tr><td>2 Seigle avec carottes</td><td>2 Seigle,</td></tr>
<tr><td>3 Lin,</td><td>3 Lin,</td></tr>
<tr><td>4 Trèfle,</td><td>4 Blé,</td></tr>
<tr><td>5 Seigle, puis navets,</td><td>5 Seigle, puis navets,</td></tr>
<tr><td>6 Avoine ou sarrasin.</td><td>6 Navets.</td></tr>
</table>

Remarque sur a.

Cet assolement est particulièrement en usage dans le pays sableux de Waes. A cause du lin qui doit suivre les pommes de terre, on bêche très-profondément pour celles-ci, ce qui est également favorable aux carottes. A la sixième année l'on a plus souvent du blé noir que de l'avoine, parce qu'on fume pour celle-ci et pour l'autre non.

Assolement avec cinq neuvièmes de céréales.

<table>
<tr><td>a.</td><td>b.</td></tr>
<tr><td>1 Pommes de terre après un labour à la bêche, ou deux traits de charrue dans le même sillon, fortement fumées,</td><td>1 Pommes de terre,</td></tr>
<tr><td>2 Avoine,</td><td>2 Lin, puis navets,</td></tr>
<tr><td>3 Lin fumé,</td><td>3 Avoine,</td></tr>
</table>

4 Trèfle saupoudré de cendres,   4 Trèfle,
5 Blé,   5 Blé,
6 Colza repiqué, en pleine fu-   6 Seigle,
   mure,
7 Blé,   7 Colza,
8 Méteil,   8 Orge d'hiver,
9 Seigle.   9 Seigle, puis navets.

Ces deux assolemens ne sont adoptés que pour les bonnes terres, l'un près d'Alost, l'autre dans les environs de Corteyck. Ils sont particulièrement bien combinés pour la réussite du lin. Il est superflu de dire que dans la Flandre, le colza est toujours repiqué, il ne pourrait sans cela succéder aux céréales d'hiver.

Assolemens avec quatre septièmes de céréales.

a.

1 Pom. de terre (fumier solide),
2 Lin (fumier liquide),
3 Seigle (fumier liquide), puis navets,
4 Avoine (fumier solide),
5 Trèfle (cendres),
6 Seigle (fumier liquide),
7 Seigle (fumier solide), puis navets.

b.

1 Pommes de terre,
2 Blé,
3 Lin,
4 Seigle,
5 Avoine,
6 Trèfle,
7 Seigle, puis navets.

c.

1 Navets, compost,
2 Avoine (fumier solide),
3 Lin (fumier liquide),
4 Blé (fumier liquide),
5 Seigle, puis navets,
6 Pommes de terre (fumier),
7 Blé, puis navets.

d.

1 Pommes de terre fumées,
2 Méteil, puis navets,
3 Avoine (fumier),
4 Lin (fumier liquide),
5 Blé (fumier liquide),
6 Seigle, tourteaux de colza,
7 Colza (fumier), puis navets.

Assolement avec sept douzièmes de céréales.

1 Moitié pommes de terre, moitié avoine,
2 Lin,
3, 4 Céréales d'hiver,
5 Trèfle,
6 Blé, puis navets.

Assolement avec six dixièmes de céréales.

1 Navets (fumier),
2 Avoine (fumier liquide),
3 Trèfle (cendres),
4 Blé, puis navets,
5 Lin (fumier liquide, ou tourteaux de colza en poudre); *ou bien* 5 fèves (fumier),
6 Blé,
7 Seigle (fumier liquide), puis navets,
8 Pommes de terre (fumier); ou quand 5 a porté des fèves, lin,
9 Blé (engrais liquide, quand c'est le lin qui a précédé),
10 Mélange de gesses et de seigle, puis navets.

Cet assolement est sans contredit l'un des meilleurs et des mieux combinés de la Flandre.

Assolement avec trois cinquièmes de céréales.

1 Seigle, puis navets,
2 Lin, ou pommes de terre,
3 Blé avec carottes,
4 Avoine,
5 Trèfle.

Cette succession de récoltes, un peu trop épuisante pour une assez mauvaise terre sableuse, est en usage à Warlos, et l'on peut à peine comprendre comment elle y est possible. Voyons de quelle manière elle y est mise en pratique, et comme notre introduction à l'agriculture de la Belgique n'est pas entre les mains de tout le monde, nous nous permettrons d'y faire un petit larcin.

Première année. Les éteules du trèfle sont retournées par un seul labour superficiel et le champ mis en planches étroites, le fumier est alors mené et serré contre le sol au moyen du rouleau ; on nettoie ensuite les rigoles à la charrue, et le sable qui en provient est ramené au-dessus de l'engrais par la même opération, et au moyen d'un versoir de secours accroché à celui de la charrue. On herse, on sème, on herse de nouveau et on nettoie encore les rigoles. Au printemps suivant l'on sarcle. Dès que la récolte a été enlevée, les chaumes reçoivent un labour superficiel, on herse, on répand de l'engrais liquide (eaux de fumier ou écoulées des étables), des cendres, et on sème des navets.

Deuxième année. L'on donne d'abord un labour ordinaire, puis un second beaucoup plus profond ; on fume ; l'engrais est enfoui à la charrue et les pommes de terre sont plantées. Si au lieu de pommes de terre le champ doit produire du lin, il reçoit, le plus tôt possible, à la sortie de l'hiver, un labour de deux pouces à deux pouces et demi de profondeur. Peu de temps après un second labour tout aussi superficiel succède au premier. On répand des cendres, on sème le lin et on tasse le sol au moyen du rouleau.

Troisième année. Dès l'automne précédent, le champ qui a produit le lin est labouré superficiellement, hersé, fumé, labouré de nouveau ; les bords des planches fumés, et ces mêmes planches refendues. On sème ensuite du blé , on herse , on roule et on répète cette dernière opération au printemps de la troisième année. Au mois de février on sème des carottes dans le blé. Plus tard on sarcle. Aussitôt après la récolte du blé on herse fortement , on sarcle de nouveau les ca- rottes et l'on enlève du champ les mauvaises herbes et les chaumes.

Quatrième année. Deux labours de printemps après lesquels on répand du fumier, qui est ensuite enfoui profondément, on sème de l'avoine avec de la graine de trèfle , et plus tard l'on sarcle soigneusement.

Cinquième année. Vers la fin de l'hiver le trèfle est arrosé de jus de fumier par un temps pluvieux, et quelque temps après on répand par hectare pour 38 florins (81 à 82 francs) de cendres.

Ici se termine le travail de ce laborieux cultivateur. Son assolement ainsi conduit peut supporter toute es- pèce d'investigation. De cette manière le trèfle peut revenir sans hésitation tous les cinq ans sur cette terre sablonneuse. Mais probablement qu'il n'en est pas de même du lin qui alterne avec les pommes de terre.

Assolemens avec cinq huitièmes de céréales.

a.	b.
1 Pommes de terre fortement fu- mées ,	1 Colza , puis navets ,
2 Blé (tourteaux de colza en pou- dre),	2 Avoine ,
3 Scigle(chaux),	3 Trèfle ,
4 Avoine ,	4 Blé ,
5 Trèfle saupoudré de cendres en novembre ,	5 Seigle ,

6 Lin (engrais liquide),	6 Lin,
7 Blé fortement fumé,	7 Blé,
8 Seigle, puis navets.	8 Seigle.

Remarques sur a.

Cet assolement est fort en usage dans la Flandre occidentale. Quelquefois le trèfle est placé à la quatrième année et l'avoine à la cinquième, ce qui paraît plus convenable pour l'un et pour l'autre. Pour ce qui concerne la manière de traiter cet assolement et plusieurs autres de la Belgique, je dois, pour éviter les répétitions, renvoyer à la suite de cet ouvrage.

Comme le lin forme la principale plante commerciale de la Flandre, il est bon de remarquer que dans dix-sept exemples d'assolement que j'ai sous les yeux, il vient cinq fois après les pommes de terre, quatre fois après des céréales qui suivent les pommes de terre, une fois à la suite de l'avoine après pommes de terre, deux fois après le trèfle, trois fois à la suite de céréales après trèfle, et deux fois après deux récoltes successives de céréales. Dans ces mêmes assolemens le lin est suivi de froment dix fois, de seigle trois fois, de trèfle trois fois, et d'avoine une seule fois, et encore parce que l'on avait semé après le lin des navets en récolte dérobée.

B. *Pays de Juliers.*

Dans une partie de cette province où l'on s'adonne à la culture du lin, on trouve les deux assolemens suivans :

Avec trois sixièmes de céréales.

1 Jachère fumée,

2 Seigle ou blé,
3 Trèfle,
4 Lin fumé,
5 Seigle,
6 Seigle, le sillon bêché à la suite de la charrue et fumé.

Avec quatre septièmes de céréales.

1 Sarrasin fumé,
2 Seigle,
3 Trèfle,
4 Avoine,
5 Lin fumé,
6 Blé,
7 Seigle fumé.

Les légumineuses sont suivies de froment, et le sarrasin de seigle. Le froment ne réussit pas bien ici après l'orge d'hiver, et réciproquement. L'on trouve qu'un champ qui a produit du lin est propre à toute espèce de production. L'on ne fume pas du tout pour le blé qui suit le lin, et très-peu pour le seigle qui vient après ce blé. Mais lorsque c'est de l'orge qui doit suivre le lin, elle demande quelque engrais. Le seigle que l'on sème après le trèfle précédé de lin, réussit également très-bien sans fumure. Dans quelques endroits, on préfère placer dans la rotation le lin après l'avoine qui suit le trèfle. L'on prétend ici que l'expérience a démontré que dans certains champs le trèfle pouvait réussir avec succès tous les quatre ans, tandis que dans d'autres il ne le pouvait que tous les dix ou douze ans.

C. *Palatinat.*

Sur un sable argileux l'on trouve à Spire et à

Hasloch deux assolemens qui tous se ressemblent et ne diffèrent que par la position des productions. Tous deux renferment deux cinquièmes de céréales.

Assolement de Hasloch.

1 Tabac avec fumure,
2 Epeautre,
3 Orge,
4 Trèfle,
5 Pommes de terre.

Aucune production ne peut précéder plus convenablement les pommes de terre que le trèfle, et il faudrait que celui-ci eût été mauvais pour que les pommes de terre eussent besoin d'engrais. Les pommes de terre laissent au tabac une terre propre et ameublie qui lui convient beaucoup. Après deux récoltes sarclées, la terre doit être parfaitement purgée de mauvaises herbes au profit du trèfle qui suit l'épeautre et l'orge. En un mot je ne connais rien de mieux ordonné, de mieux calculé que ce petit assolement, et je doute presque que celui de Spire :

1 Tabac avec fumure,
2 Epeautre,
3 Pommes de terre ou betteraves,
4 Orge,
5 Trèfle,

puisse le valoir, quelque parfait qu'il soit d'ailleurs, à moins que l'on ne fume aussi pour les pommes de terre. Lorsque l'épeautre, l'orge et les pommes de terre précèdent le trèfle, celui-ci trouve une terre bien plus épuisée que si les pommes de terre n'étaient venues qu'après lui. Le trèfle est sans contredit une excellente préparation pour le tabac, mais il l'est également pour les pommes de terre, et celles-ci le sont tout autant pour le tabac que le trèfle. Dans l'assolement de Hasloch, la force productive paraît être mieux distribuée pour la réussite des différentes productions. La place du trèfle est plus vers le milieu de l'assolement, et les pommes de terre trouvent dans ses restes, si je puis m'exprimer ainsi, une nourriture suffisante et surtout convenable. Si elles épuisent beaucoup le sol, au moins l'assolement n'en souffre pas, puisqu'elles y viennent à la fin et qu'elles sont suivies immédiatement d'une fumure. L'on sait d'ailleurs en Alsace, ainsi que dans le Palatinat, et je l'ai déjà dit plus haut, que deux récoltes sarclées successives sont ce qui remplace le mieux la jachère. La preuve en est l'excellent assolement suivant usité entre Manheim et Heidelberg, auquel aucun assolement anglais ne pourrait être comparé :

1 Tabac avec fumure,
2 Epeautre, puis vesces,
3 Orge, puis navets; ces derniers arrosés d'engrais liquide, et deux fois piochés :
4 Trèfle,
5 Epeautre, même seigle,
6 Maïs, pommes de terre, betteraves, fumés.

On ne fourrage pas les vesces en récolte dérobée de la seconde année, mais au moment des gelées on les enfouit au profit de l'orge qui les suit. Si l'on offrait à un agriculteur de lui faire connaître un assolement meilleur que celui-ci, il devrait, sans hésiter, consentir à faire cinquante milles à pied pour en voir les effets de ses propres yeux. La perfection de cet admirable assolement est tellement frappante, que je perdrais mon temps à la détailler. Je dois avouer que de tous ceux que j'ai rencontrés ailleurs, ou dont j'ai eu connaissance par la lecture, je ne donne la préférence à aucun d'eux sur celui-ci.

On remarque encore dans ce pays un autre assolement un peu différent de qui précède, et qui a pour base un retour plus fréquent du tabac.

1 Tabac avec fumure,
2 Epeautre, ou seigle, puis vesces, comme ci-dessus,
3 Orge, puis navets,
4 Tabac avec fumure,
5 Epeautre, seigle,
6 Betteraves, pommes de terre.

Cet assolement est à la vérité plus riche que le précédent, mais il y manque le fourrage, et par conséquent l'engrais : on remplace celui-ci en l'achetant. L'on croit, avec raison, qu'un retour fréquent du tabac l'améliore, loin de nuire à sa qualité. La même opinion existe dans le pays de Clèves.

Il est remarquable que l'orge soit suivie d'une récolte dérobée de navets, dans le cas où l'on n'y aurait pas semé de trèfle, c'est le seul fait de ce genre qui soit à ma connaissance. Il est reconnu que comme récolte préparatoire au lin et à l'orge, les navets leur sont nuisibles ; mais quand ils suivent ces deux plantes, leur mauvais effet se trouve paralysé, parce qu'ils ne sont point alors suivis d'une céréale, mais d'une récolte fumée. Le dommage serait encore plus grand si l'on voulait les intercaler entre les deux céréales d'hiver : voilà pourquoi, dans les Pays-Bas, on les fait suivre, ainsi que nous l'avons vu, de fèves, de pommes de terre ou de navets-jachère. Il en est de même du tabac, du chanvre, etc.

L'on trouve aux rives de la Queich, dans les environs de Landau, sur un sol que là on qualifie de moyen, mais qui par-tout ailleurs passerait pour être de première qualité :

Offenbach.

1 Chanvre fortement fumé.
2 Colza repiqué,
3 Epeautre,
4 Avoine,
5 Trèfle,
6 Epeautre ou seigle,
7 Pommes de terre,
8 Orge ou avoine,

le tout sur la seule fumure de la première année.

Que ne dirait pas à cela un belge qui fume tous les ans ? Du reste cet assolement serait convenable pour un sol médiocre, s'il recevait encore une fumure dans le cours de la rotation, et qu'on le disposât de la manière suivante : 1 *Chanvre fumé*, 2 *colza repiqué*, 3 *épeautre ou seigle*, 4 *avoine*, 5 *pommes de terre fumées*, 6 *orge*, 7 *trèfle*, 8 *épeautre ou blé*.

L'assolement suivant fait voir qu'à Offenbach l'on exige encore davantage de ce qu'on y appelle une bonne terre :

1 Chanvre fumé.
2 Colza repiqué.
3 Epeautre,
4 Seigle,
5 Trèfle,

6 Epeautre,
7 Avoine,
8 Trèfle, la seconde coupe enfouie au profit de la récolte sui-
    vante,
9 Colza, semé à la volée,
10 Epeautre,
11 Pois.

Heureuses, mille fois heureuses les contrées aussi favorisées de la nature ! Ce qu'il y a de remarquable, c'est que l'épeautre à la suite du colza réussit mieux que s'il avait suivi immédiatement le chanvre fumé.

Spire.

Un champ voisin de l'habitation d'un cultivateur était soumis à l'assolement suivant :

1 Tabac,
2 Epeautre,

et ainsi de suite depuis dix ans, ce qui aura probable- ment pû continuer encore pendant dix autres années.

On rencontre quelque chose de semblable sur une terre moyenne chez de petits cultivateurs.

Mutterstadt.

1 Lin,
2 Epeautre,

et toujours de même. A chaque quatrième année on fume pour le lin. Celui-ci revient généralement tous les quatre ou cinq ans. Exemple :

1 Orge fumée,
2 Seigle,
3 Lin,
4 Avoine ou orge,
5 Pommes de terre.

(308)

La terre doit être moins bonne ici , car l'épeautre n'entre point dans l'assolement.

La distribution de cet assolement est si extraordinaire qu'on voudrait le remanier. Cependant gardons-nous de blâmer ce qui nous est inconnu.

Jamais on ne fume ici pour le lin , il n'apparaît qu'à la troisième , à la quatrième , et rarement à la seconde année après la fumure. Il est donc précédé de deux et même de trois récoltes de céréales. Il suit l'épeautre , le seigle ou l'avoine , mais jamais il ne vient immédiatement après l'orge, ce qui est aussi observé dans les Pays-Bas.

Ce pays est renommé pour l'excellente qualité de la semence de lin. Ne pourrait-on pas l'attribuer au retour fréquent de cette plante, ou à ce qu'elle est produite par une terre déjà épuisée ?

D. *Alsace.*

La partie inférieure de cette province fait, de la production des plantes commerciales, la principale branche de son agriculture, et à peine y trouve-t-on un assolement , soit triennal, soit alterne, qui n'en renferme. Le tabac, le chanvre, le pavot, le colza et la garance s'y présentent , soit isolément , soit réunis. La garance n'est cultivée que dans les terres sableuses ; le colza n'entre que dans les assolemens alternes, car il ne peut figurer dans l'assolement triennal là où le repiquage et la jachère sont inconnus, d'autant plus qu'il réussit difficilement après l'orge, et aussi parce qu'il gêne la culture des navets en récolte dérobée , après la céréale qui le précède (qui est ici presque toujours le blé et rarement l'orge), et que ces na-

vets sont une des principales ressources par la nourriture d'hiver du bétail ; la terre étant tro précieuse
pour la sacrifier à produire des navets-jchère. Les
pommes de terre mêmes sont assez peu ultivées en
Alsace, parce qu'elles préparent mal la tere pour le
blé, que l'orge entre rarement dans un assolement
alterne en bonne terre, et encore mois l'avoine.
Nous devons encore remarquer qu'à l'exeption des
céréales, du trèfle et de quelque peu de veces, toutes
les productions sont sarclées deux et mêm trois fois.

a. *Assolement en terre sableuse.*

Haguenau.

1 — 2 Garance,
3 Blé,
4 Trèfle.

Ou bien :

1 — 2 Garance,
3 Seigle,
4 — 5 Garance,
6 Seigle.

Cet assolement date de mémoire d'homme. Aussi
trouve-t-on qu'après un retour si répété les racines
de garance n'atteignent plus la même grosseur qu'autrefois.

Bischwiler.

1 — 2 Garance,
3 Seigle, puis navets,
4 Pommes de terre,
5 Seigle,
6 Maïs ou topinambours ;

excellent assolement pour un terrain sablonneux !

Gries.

1 Tabac,
2 Seigle, puis navets,
3 Pomme de terre ou chanvre, maïs, pois, topinambours,
4 Seigle, puis navets.

On ne cltive de topinambours que dans les plus mauvaises terres.

L'assolement suivant, sans plantes commerciales, est également usité dans les mêmes cantons.

1 Pomme de terre,
2 Seigle. puis navets,
3 Maïs,
4 Seigle puis navets.

Ou bien aussi des pommes de terre et du seigle alternant sans interruption.

a. *Sur un sable argileux.*

Lauterbourg.

1 Pommes de terre fumées,
2 Seigle,
3 Trèfle,
4 Chanvre fortement fumé,
5 Seigle, ou même blé,
6 Maïs.

b. *Assolemens en argile sableuse.*

1 Jachère labourée quatre fois et fortement fumée,
2 Colza labouré deux fois pour
3 Blé ou épeautre,
4 Seigle, quelquefois un peu fumé,
5 Trèfle plâtré, labouré une fois pour
6 Blé.

Cette culture existe à la ferme de Tiefenbach, jointe au petit assolement suivant, pauvre à la vérité en céréales, mais d'ailleurs remarquable.

1 Pommes de terre,
2 Avoine,
3 Trèfle plâtré, parqué pour
4 Colza et ensuite navets.

Nous avons vu à Haguenau, la garance après le trèfle ; à Lauterbourg, le chanvre après le trèfle ; à Spire, le tabac après le trèfle, et ici le colza à la suite du trèfle : tout réussit après le trèfle.

L'on trouve aux lignes de Wissembourg à Schleithal :

1 Jachère fortement fumée,
2 Colza,
3 Epeautre,
4 Seigle,
5 Trèfle,
6 Blé ou épeautre ;

Assolement riche et productif avec peu de fumier. C'est le même que celui que nous venons d'indiquer pour la ferme de Tiefenbach. Il ne renferme aucune céréale de printemps. Si ce n'était la jachère, l'on croirait être dans les Pays-Bas. Néanmoins elle ne gâte rien à l'assolement, et si elle ne l'améliore, elle en diminue au moins les frais.

L'assolement de Norfolk ne se rencontre ici que sur les mauvais sols.

1 Pommes de terre, *ou* 1 Navets,
2 Avoine,   —   2 Orge.
3 Trèfle plâtré,
4. Seigle.

c. *Assolemens d'une excellente terre argileuse,
contenant de 18 à 20 °/₀ de parties calcaires.*

Cet excellent sol produit sans interruption et sans
jachère : *froment, trèfle ; froment, chanvre; froment, colza; froment, pavots ; froment, tabac ;
froment fèves.* La terre se repose aussi peu que la
houe. Il est presque incroyable qu'avec un assolement
aussi épuisant dans lequel *chanvre, fèves, tabac,
pavots, trèfle, colza,* alternent constamment avec
le blé, on ne fume qu'une fois en huit ans. Mais si
on retire le trèfle de l'assolement, il faut fumer à la
cinquième année. Les pommes de terre sont ordinairement suivies de méteil. L'on a fait à Schwindratzheim
la singulière remarque, que le colza qui vient à la
septième année de fumure, après le blé précédé de
trèfle, réussit mieux que lorsqu'il est placé à la troisième année de fumure, immédiatement après le blé
qui suit le chanvre, tant le trèfle produit d'effet, et
tant est important un classement judicieux des plantes
dans l'assolement.

Quelques exemples d'assolemens :

Wendenheim.

1 Chanvre, tabac avec 40 voitures d'engrais par hectare, ou
colza avec 50 voitures,
2 Blé, puis navets,
3 Fèves,
4 Blé,
5 Trèfle,
6 Blé, puis navets.

Ou bien :

1 Chanvre, tabac avec engrais,

2 Blé.
3 Orge,
4 Trèfle,
5 Colza,
6 Blé, puis navets.

Point de meilleure préparation pour le colza que le trèfle !

Hausbergen.

1 Tabac,
2 Blé, puis navets.
3 Pommes de terre.
4 Méteil,
5 Chanvre.
6 Orge,
7 Trèfle,
8 Blé, puis navets.

Mais ici on fume pour le tabac, les pommes de terre et le chanvre. Le sol est par conséquent moins fertile que celui de l'assolement précédent. L'orge de printemps après le chanvre réclame notre attention, car les céréales d'hiver ne réussissent pas toujours bien à la suite de ce dernier.

Bischeim.

1 Moutarde blanche ou noire, fumées.
2 Blé,
3 Fèves,
4 Blé, puis navets.
5 Tabac avec engrais,
6 Blé, puis navets,
7 Chanvre fumé avec trente voitures à deux chevaux d'engrais, et cinquante sacs de germes d'orge maltée par hectare,
8 Blé,

9 Orge,
10 Trèfle plâtré,
11 Blé, puis navets,
12 Pommes de terre fumées,
13 Blé avec trente sacs de plumes par hectare *.

Il n'y a que le voisinage d'une ville (*Strasbourg*) qui rende une pareille culture possible. La moutarde passe pour une meilleure préparation au blé que le chanvre

Obernheim.

On trouve parfois ici l'assolement suivant peu usité en Alsace :

1 Pommes de terre.   *ou*   1 Fèves,
2 Orge,   —   2 Blé.
3 Trèfle.
4 Tabac.
5 Blé,
6 Orge.

Rotation excellente à laquelle peu d'autres peuvent être comparées.

Weyersheim.

Bonne terre à blé ainsi que l'indique l'assolement :

1 Tabac,
2 Blé, puis navets,

et ainsi de suite à toute éternité. Le tabac a un goût plus doux, sans doute à cause de son retour répété sur le même champ. L'engrais que le blé et les navets ne peuvent produire est acheté.

---

* Dans un pays où l'on profite avec avidité de tous les moyens possibles d'amendement, il n'est pas surprenant que l'on se serve, comme engrais, des plumes d'oiseaux domestiques qui ne sont pas susceptibles d'un autre emploi. On les recueille séparément au lieu de les jetter sur le tas de fumier, comme on le fait ailleurs.

L'on a à

Bofzheim :

1 Chanvre,
2 Blé, et toujours de même.

d. *Assolement du Kochersberg.*

Le sol argileux de cette contrée montueuse contient un peu moins de parties calcaires que celui de la plaine qui l'avoisine, et sa position rend impossible l'acquisition d'engrais étrangers. L'assolement y est d'après cela un peu moins riche, mais parfaitement bien calculé. On y trouve deux rotations principales qui réclament notre attention.

a. *Assolement de cinq ans.*

1   Blé,
2 Colza,   Fèves,
3   Blé,
4   Orge,
5 Trèfle,   Pavots.

Il est entendu qu'à la seconde révolution les fèves permuttent avec le colza et les pavots avec le trèfle ; d'après cela l'assolement pourrait être considéré comme étant de dix soles :

1 Pavots fumés, trois fois sarclés,
2 Blé, puis navets sarclés deux fois,
3 Fèves fumées et sarclées,
4 Blé,
5 Orge,
6 Trèfle plâtré,
7 Blé,
8 Colza sarclé deux fois avant l'hiver,
9 Blé fumé,
10 Vesces et orge.

Le colza est obligé de se contenter ici de la sixième
année de fumure, ce qui paraîtrait impossible si le blé
n'était précédé de trèfle. Comme le colza est semé
après le blé, on manque de temps pour pouvoir le
fumer, et cette opération se fait pour le blé suivant.
On laisse parvenir à maturité le mélange de vesces et
orge, et ce grain sert à la nourriture des chevaux : on
ne donne point d'avoine à ceux-ci en Alsace, aussi cette
céréale ne s'y rencontre-t-elle dans aucun assolement.
On trouve que l'excellente terre à orge de l'Alsace, est
trop précieuse pour lui faire produire de l'avoine.

b. *Assolement de six ans.*

L'inconvénient inévitable de toute agriculture à céréales qui n'a ni l'usage des jachères, ni celui de faire
sarcler ses champs, est de voir ceux-ci devenir la proie
des mauvaises herbes. Cet inconvénient a donné lieu
à l'assolement suivant que je regarde comme un chef-
d'œuvre de l'art, et que je recommande instamment
à tout agriculteur triennal. Je prie le lecteur de revoir
ce que j'ai dit à son sujet à l'article de l'agriculture
triennale de l'Alsace. Le remède auquel on a de temps
en temps recours dans ce pays pour pallier le mal,
a passé ici en système pour combattre ce mal à l'a-
vance ; ce qui vaut mieux sans contredit. Afin d'obtenir ce résultat, la céréale de printemps est supprimée
par moitié tous les trois ans, ou, ce qui revient au
même, une fois en six ans, et remplacée par une récolte sarclée suivie d'une autre récolte également sarclée. Exemple :

| 1 | Céréale d'hiver. |
| 2 Céréale d'été. | récolte sarclée. |

3   Récolte sarclée,
4   Céréale d'hiver,
5 Récolte sarclée,   céréale d'été
6   Récolte sarclée.

De cette manière l'on obtient en six ans deux récoltes de céréales d'hiver, une récolte de céréales de printemps, et trois récoltes sarclées ou jachères. Une règle particulière à observer, est que l'orge supprimée doit constamment être remplacée par des fèves ou des pommes de terre ; car si l'on faisait la faute de lui substituer une plante commerciale, il en résulterait un déficit pour la consommation intérieure du ménage, déficit que les fèves et les pommes de terre couvrent complètement.

Je recommande encore cet assolement à ceux des agriculteurs triennaux qui voudraient apporter quelque amélioration à leur culture, mais dont les champs sont enclavés entre ceux de leurs voisins, ce qui rend tout changement presque impossible. Leurs fèves se trouveraient sans inconvénient placées dans la même sole que l'avoine de leurs voisins. Les pommes de terre seules devraient être exclues de la sole des céréales d'été.

Cette proposition me conduit à l'indication d'un changement que le baron de Varnbuchler, à Hemminger en Wurtemberg, a introduit depuis plusieurs années chez lui, dans des circonstances analogues, et au moyen duquel il a passé avec beaucoup d'adresse et de bonheur de l'assolement triennal à un assolement alterne dont je parlerai tout à l'heure.

c. *Assolement de Wurtemberg.*

Quoique l'assolement triennal soit généralement en

usage dans ce pays , il y existe cependant des contrées et des propriétaires qui s'en écartent, ainsi que nous avons déjà eu occasion de le dire au sujet de l'agriculture pastorale mixte de la forêt-Noire. Parmi les contrés où l'agriculture alterne est pratiquée, il faut ranger celle de Heilbronn , et parmi les particuliers qui l'ont également adoptée , MM. de Varnbuchler , Ellischshausen , de Maisenhalden , l'institut de Hohenheim et quelques autres.

Assolement de M. de Varnbuchler.

1 Jachère parquée et fumée, autant que possible avec du fumier de moutons;
2 Colza semé à la volée;
3 Orge d'hiver ayant reçu deux labours; le produit n'a jamais été au-dessous de 39 hectolitres par hectare;
4 Trèfle recouvert de fumier, plâtré et cendré avant l'hiver, et de nouveau plâtré au printemps;
5 Epeautre;
6 Pois et vesces qui souvent versent, et que M. de V. désirereait remplacer par de l'avoine, ou mieux encore par des pommes de terre suivies de pois, s'il n'en était retenu par la gêne du voisinage;
7 Récoltes jachères, c'est-à-dire, pommes de terre, betteraves et fèves fumées avant l'hiver; aussitôt après la récolte on parque pour,
8 De l'épeautre lequel, d'après l'expérience de M. de V., réussit aussi bien à la suite des fèves et des betteraves qu'après une jachère complète;
9 Avoine: celle-ci ne reçoit qu'un seul labour au printemps; s'il est possible on parque pendant l'hiver les chaumes d'épeautre.

Ainsi l'assolement donne en neuf années trois récoltes de céréales d'hiver et une seulement de céréales de printemps, ce qui, sous le rapport de la paille,

serait trop peu pour une ferme soumise à la dîme,
si l'on ne parquait pas. Pour remédier à l'inconvénient
d'avoir un champ ensemencé en colza, tandis que celui du voisin l'est en céréales d'hiver, dont la semaille
ayant lieu plus tard, occasionne le piétinement de
l'extrémité du premier champ, par le tour que prend
la charrue. M. de V. y laisse un tournail que l'on en-
semence en céréales d'hiver. Ce tournail est calculé de
manière à contenir la dixième partie du champ, et sert
à indemniser le propriétaire de la dîme.

Assolement de la contrée de Heilbronn.

1 Jachère fumée,
2 Colza,
3 Céréales d'hiver,
4 Céréales de printemps,
5 Trèfle,
6 Céréales d'hiver.

Très-simple, très-productif, il est calculé sur une longue durée avec une seule fumure en six ans. Grâce à la
jachère, au trèfle et à la bonté du sol ! Dans des circonstances analogues, je ne saurais recommander un
meilleur assolement pour les fermes considérables, un
assolement dans lequel le travail se trouve mieux réparti, plus facile à surveiller et à exécuter.

M. le baron d'Ellrichshausen, à Maisenhalden, l'un
des agriculteurs les plus actifs du Wurtemberg, possédant des distilleries, a intercalé des pommes de terre
entre la céréale d'hiver de la troisième année et la céréale de printemps de la quatrième, et s'est par ce
moyen créé un assolement alterne dans toute la rigueur du terme. Ses distilleries lui donnent la facilité

d'engraisser des bœufs et de fumer ses champs de pommes de terre, ainsi il a deux fumures en sept ans.

Assolement de Hohenheim.

L'éloignement de certains champs, l'instruction des élèves, la division du travail, sont les causes qui ont engagé à adopter pour l'Institut d'Hohenheim, trois assolemens différens, auxquels on en a ajouté récemment un quatrième.

d. *Assolement de six ans avec jachère.*

1 Jachère.
2 Colza.
3 Blé.
4 Trèfle.
5 Épeautre.
6 Orge ou avoine.

Cet assolement était, il y a quelques années, de sept soles, attendu qu'il y avait encore de l'orge entre le blé et le trèfle; mais le fardeau fut trouvé trop pesant pour une seule fumure, et je doute même que l'assolement, ainsi réduit, puisse exister sur un sol que l'on peut à peine classer parmi les moyens. C'était toujours de l'avoine que l'on semait à la sixième année, parce qu'elle réussit mieux que l'orge après l'épeautre précédé de trèfle. Mais comme ce domaine possède peu de terres à orge, cette céréale est intercalée tantôt dans l'assolement ci-dessus, tantôt dans l'un des suivans, selon les circonstances. Précédemment je faisais repiquer le colza, aujourd'hui il est semé en rigoles, et les tournails seuls sont repiqués. Cette dernière précaution est nécessaire, en ce que les rangées étant butées à la houe à cheval, deux fois dans le courant de l'automne, l'extrémité du champ serait piétinée. Au commencement d'octobre, les tournails sont plantés à la charrue.

L'on aura sans doute fait la remarque que cet assolement est le même que celui du pays de Heilbronn, à l'exception que la céréale de printemps, au lieu d'être placée à la quatrième année, est reportée à la sixième. J'adoptai cette dernière classification, parce que le trèfle venant immédiatement après le blé, se trouve en terre plus nette que s'il avait encore été précédé par l'orge, et que d'ailleurs, étant ainsi placé au milieu de la rotation, il exerce de l'influence jusqu'à la fin. Si nous avions plus de fumier ou une meilleure terre, je supprimerais la jachère et préférerais l'assolement suivant : 1 *fèves* fortement fumées et sarclées, 2 *blé*, 3 *trèfle*, 4 *colza*, 5 *épeautre*, 6 *avoine* ou *orge*.

Chaque sole de cet assolement est de huit hectares.

2. *Assolement de sept ans avec récoltes-racines.*

1 Pommes de terre, ou deux tiers de betteraves et un tiers de choux; le tout fumé :
2 Avoine,
3 Trèfle plâtré,
4 Epeautre,
5 Vesces pour fourrage vert, fumées,
6 Colza en lignes, cultivé à la houe-à-cheval,
7 Epeautre, ou blé.

Je ne connais pas de meilleur assolement que celui-ci pour éviter la jachère lorsqu'on cultive le colza. Je doute même que le colza réussisse mieux après la jachère qu'après des vesces fourragées en vert. Le blé et l'épeautre sont superbes à la septième année. Quand

les lignes de colza sont comme ici espacées de 57 cen-
timètres et buttées deux fois, quand les pommes de
terre reçoivent les cultures convenables, quand les
vesces sont fauchées avant et pendant leur floraison,
avec toutes les mauvaises herbes qui ont pu y croître,
quand, dis-je, toutes ces conditions ont été remplies,
le champ devient propre sans le secours de la jachère.
J'aurais désiré que la consommation des pommes de
terre et des betteraves m'eût permis d'introduire cet
assolement sur tout le domaine; mais que faire de 17
hectares de racines?

3. *Assolement de sept ans sans plantes commerciales.*

1 Jachère fumée,
2 Seigle,
3 Trèfle,
4 Avoine,
5 Fèves, ou vesces, fumées et sarclées,
6 Epeautre,
7 Avoine.

Dans cet assolement, de même que dans le précédent, chaque sole est de 6 hectares. Précédemment l'on
semait le trèfle dans les vesces, mais j'ai trouvé que
si près des fèves il réussissait mal. C'est avec intention
que l'avoine suit le trèfle, parce que cela donne la
facilité de laisser venir celui-ci à maturité, ou d'en
prendre encore une coupe tardive. Cette distribution
offre également l'avantage de conserver l'ancien trèfle
la seconde année, dans le cas où le jeune aurait péri
pendant l'hiver; la privation du trèfle étant bien plus
sensible et plus dommageable que celle de l'avoine.
Par la première, toute l'économie se trouve déran-

gée , tandis que par la seconde , il n'y a que la bourse
du cultivateur qui souffre.

4. *Assolement de plantes textiles et commerciales.*

La nécessité où se trouve un institut agricole de
cultiver des plantes textiles et commerciales , la difficulté d'en intercaler plusieurs dans les assolemens ordinaires , et enfin l'éloignement de la plupart des
champs, me portèrent, il y a un an, à établir un assolement spécial pour elles dans un champ de 7 hectares
et demi , peu éloigné de la ferme , mais aussi très-peu
favorable , et par rapport au lin de le diviser en douze
soles de 63 ares chacun. Voici cet assolement :

1 Pavots fumés ou quelque autre production ,
2 Garance fortement fumée ,
3 Garance à sa seconde année ,
4 Garance à sa troisième année ,
5 Chanvre fumé ,
6 Lin ,
7 Tabac fumé ,
8 Blé ,
9 Trèfle ,
10 Pommes de terre avec demi-fumure ,
11 Avoine ,
12 Lin.

La culture du lin , qui forme une des principales
branches d'industrie de notre contrée , est cause que
cet assolement , qui aurait pu être terminé à la huitième année , a été continué à douze ans , parce que
je désirais voir le lin dans deux positions différentes,
sans qu'il revînt avant la sixième année. Il ne sera
pas inutile de développer les raisons qui ont présidé
à la distribution de cet assolement.

Ad 1. Il est toujours utile de faire précéder la garance, que l'on a tant de mal à tenir propre la première année, d'une récolte fumée et sarclée, qui pourrait être également pavots, choux, etc. *Ad* 2, 3, 4.
La garance serait moins épuisante en deux ans qu'en
trois, mais quand elle échappe à la gelée, son produit est plus considérable dans le second cas que dans
le premier. *Ad* 5. Le chanvre trouve ici tout-à-fait
la place qui lui convient : une terre profondément
défoncée et ameublie. *Ad* 6. Le lin qui, en général,
réussit si bien après le chanvre, paraît être dans une
position favorable dans un sol profond et parfaitement
amendé. *Ad* 7. L'assolement recommence en quelque
sorte avec le tabac à la suite duquel viennent, dans une
succession convenable, le blé, les pommes de terre
et l'avoine. *Ad* 12. Ici revient le lin qui, dans une
terre forte et grossière, réussit en général après une
céréale, et surtout après l'avoine. Si le sol eût été
léger, j'aurais mis : 8 *blé*, 9 *avoine*, 10 *trèfle*,
11 *pommes de terre*, 12 *lin*. Le lin après les pommes
de terre réussit quelquefois mieux qu'après l'avoine
précédée de pommes de terre ; cela dépend des circonstances atmosphériques : lorsque l'année est sèche,
le premier réussit le mieux ; c'est le second quand elle
est humide. Du reste l'expérience décidera la question, et nos essais ne nous lient à rien. Nous n'avons
d'ailleurs aucun avantage à nous promettre de la culture des plantes commerciales de l'assolement ci-dessus,
parce que leur réussite est contrariée par la nature
du sol, tantôt trop sec, tantôt trop humide, et par
un sous-sol pierreux et fréquemment rempli de sources.
Aussi cette entreprise ne peut-elle être justifiée que
dans l'intérêt de l'Institut agricole.

Le domaine possède en outre un champ d'environ douze *morgen* d'une terre très-compacte, recouvrant beaucoup de roches, et que l'on pourrait appeler le Champ-aux-Chardons. Sa première destination était de porter : 1 *fèves fumées*, 2 *épeautre*, et ainsi de suite, mais comme, malgré tous les efforts de la main et de la houe-à-cheval, les chardons disputaient toujours le terrain aux fèves, et finissaient par les étouffer, il a été décidé qu'une jachère alternerait constamment avec l'épeautre, moyennant une fumure en quatre ans. La houe-à-cheval est bonne sans doute, mais elle ne tranche pas comme la charrue.

Pour compléter le tableau, je donne ici l'ensemble de la culture de Hohenheim :

	hectares.
Céréales d'hiver	42,75
Céréales du printemps	26,25
Fèves, vesces parvenues à maturité	5,75
Trèfle	19,75
Luzerne nouvelle et ancienne	4,00
Vesces-fourrage	13,50
Pommes de terre, betteraves	6,75
Colza	15,30
Diverses plantes commerciales	5,00
Jachère morte	8,00
Champ de secours	1,50
Champ d'essais	0,75
Total de la culture	147,51

SIXIÈME SECTION.

Assolemens prolongés.

De même que le trèfle ordinaire est en général la pierre angulaire de l'agriculture, la luzerne et l'esparcette, ou sainfoin le sont par exception dans quelques parties de l'Allemagne. Je dis par exception, car quoique je les aie fréquemment rencontrées dans mes voyages, ce n'était jamais en assez grande quantité pour qu'elles aient pu influer sur l'assolement de toute une contrée. Le Palatinat seul fait exception à cette règle. La terre, en général trop légère et trop sèche pour le trèfle, réclamait une autre plante, ce fut l'esparcette, et dans les terrains plus favorisés la luzerne.

Par suite de l'amélioration que le sol éprouve de la présence de ces deux plantes, et de leur existence plus prolongée, il se forma des assolemens particuliers qui tenaient, tantôt de l'agriculture à céréales, tantôt de l'assolement alterne, tantôt de l'assolement biennal, souvent de tous trois réunis, et qui étaient d'une plus longue durée que les assolemens ordinaires dans lesquels figure le trèfle. C'est-à-dire que l'on cherche à se dédommager par plusieurs récoltes successives de céréales, du temps pendant lequel le champ ne produit que du fourrage, et à profiter de l'humus qui s'y est accumulé pendant que les plantes fourragères en étaient en possession. Mais si nous faisons abstraction de la manière irrégulière dont les céréales se succèdent dans ces assolemens prolongés, nous n'y verrons que des assolemens qui au fond ont ordinairement moins, et rarement plus de moitié de leurs soles en céréales.

Les règles particulières à observer dans cette culture sont de ne pas laisser revenir le sainfoin avant la quatrième année, et la luzerne avant la sixième, mais ceci peut avoir ses exceptions selon les localités. Ensuite de les faire suivre, soit à la première année, soit à la seconde, et au plus tard à la troisième après leur rupture, d'une plante sarclée ou d'une jachère, afin d'achever de détruire les plantes qui pourraient avoir échappé à la charrue, et de nettoyer par là complètement le sol.

a. *Assolement avec sainfoin.*

Il est rare que dans le Palatinat on laisse subsister cette plante plus de trois ans, non compris celle de la semaille, soit que le sol ne puisse la nourrir plus long-temps, soit que l'on préfère cette méthode pour accélérer l'assolement. Ce n'est que dans les bonnes terres que les plantes commerciales (colza et tabac) trouvent place dans l'assolement, et cela n'arrive même que rarement, surtout pour le tabac, attendu que l'on cherche à ne fumer qu'une fois pour toute la durée de l'assolement qui souvent est de quatorze ans. Outre cette fumure le champ est arrosé une fois pendant cette période avec du jus de fumier. Le sainfoin et la jachère préservent le champ de l'épuisement qui pourrait être la suite de cette lésinerie d'engrais presque incroyable. Le colza et les pommes de terre ne sont même pas à l'abri de cette diète rigoureuse, et nous verrons des assolemens de sept ans sans une seule fumure.

EXEMPLE :

1, 2, 3 Sainfoin plâtré,
4 Seigle, puis navets,
5 Jachère,
6 Seigle,
7 Jachère ensemencée de sainfoin.

AUTRE EXEMPLE :

1, 2, 3 Sainfoin plâtré,

4 Pommes de terre,
5 Orge ou avoine,
6 Jachère,
7 Seigle avec sainfoin.

Ces deux assolemens peuvent être ainsi continués pendant trente ans, sans fumier. On y destine des champs éloignés, maigres et épuisés que l'on veut un peu reconforter par cet étrange moyen. Comme le fourrage et la paille qui en proviennent, contribuent à entretenir la fertilité des autres champs, l'on peut bien dire qu'ici c'est le faible qui vient au secours du fort. Nous voyons que le sainfoin revient déjà après une interruption de quatre ans, et que ce prompt retour améliore le sol, et permet au besoin de lui soustraire encore l'engrais. Quel éloge pour une plante !

L'assolement dure bien plus long-temps sur les champs qui forment le noyau de la culture et qui reçoivent de l'engrais. En voici quelques exemples :

Wonsheim.	*Wintersheim.*
1, 2, 3 Sainfoin,	Sainfoin,
4 Blé,	Blé,
5 Pommes de terre,	Pommes de terre,
6 Orge,	Orge,
7 Jachère fumée,	Jachère,
8 Seigle,	Blé,
9 Jachère,	Jachère fumée,
10 Blé,	Colza,
11 Jachère.	Seigle,
12 Blé,	Orge.
	13 Pois plâtrés,
	14 Orge ou avoine.

Des nombreux exemples que je pourrais citer ces deux-ci suffiront, car il serait inutile de rapporter toutes

les nuances qui peuvent résulter de l'état du champ,
des besoins ou des vues particulières du cultivateur.
L'espèce de céréales qui précède et qui suit le sainfoin, mérite bien plus d'attirer notre attention. De
vingt-deux exemples que j'ai sous les yeux, un seul
indique la jachère comme précédant le sainfoin ; trois,
une céréale d'hiver, et tous les autres une céréale de
printemps ; et comme le suivant immédiatement, deux
exemples indiquent le seigle ; quatre, les pommes de
terre ; quatre, le colza (en supposant que le champ soit
en bon état) ; douze, le blé et l'épeautre.

Les plus mauvais terrains peuvent être améliorés
par le sainfoin cultivé concurremment avec les carottes,
sans le secours du fumier. Mais pour cela le champ
doit être bêché profondément, ou les rigoles relevées
à la bêche à la suite de la charrue. Lorsque la terre
a été ainsi préparée, l'on sème, la première année,
des carottes ; la deuxième, de l'avoine avec de la graine
de sainfoin. La terre-vierge ramenée à la surface semble
favoriser également la réussite des carottes et celle du
sainfoin.

La prospérité d'une grande partie du Palatinat repose
sur cet assolement.

La succession : *jachère, seigle ; jachère, blé ; jachère, blé :* de l'assolement de Wonsheim, qui se rencontre plus ou moins dans les autres assolemens de la
contrée, aura sans doute rappelé au lecteur l'agriculture biennale au sujet de laquelle je le renvoie à la
troisième section de ce chapitre. La jachère n'a été
réduite à une seule année que là où le trèfle réussit
concurremment avec le sainfoin.

b. *Assolement avec Luzerne.*

Ne cultivant la luzerne que sur les terres qui lui conviennent, ce qui n'a pas lieu pour le sainfoin, on la
laisse aussi durer plus long-temps, c'est-à-dire, de six
à neuf ans, tandis que le sainfoin est rompu après
trois ans. Néanmoins il n'y a pas de différence dans
la longueur des assolemens où figurent ces deux plantes, seulement après la luzerne on fait se succéder plus
rapidement les récoltes épuisantes. Les exemples suivans rendront la chose plus claire :

   1 à 8 Luzerne,
   9 Betteraves, ou pommes de terre,
  10 Sainfoin,
  11 Orge,
  12 Jachère fumée,
  13 Colza,
  14 Epeautre,
  15 Seigle,
  16 Orge avec semence de luzerne.

Ou bien :

   1 à 6 Luzerne,
   7 Colza avec engrais liquide,
   8 Seigle,
   9 Pommes de terre,
  10 Seigle,
  11 Epeautre fumé,
  12 Pommes de terre,
  13 Orge avec graine de luzerne.

Autre :

   1 à 9 Luzerne,
  10 Colza,
  11 Seigle,
  12 Orge,

13 Avoine,
14 Jachère fumée,
15 Colza,
16 Seigle,
17 Orge,
18 Avoine.

C'est le colza qui suit le plus fréquemment la luzerne. Mais dans ce cas, il ne peut qu'être repiqué après deux labours, dont le premier enterre la surface gazonneuse du champ, tandis que le second recouvre d'une terre plus meuble les racines des plants de colza. Cette dernière opération se fait cependant principalement à la bêche. Dans le cas où, au lieu de repiquer le colza, on voudrait le semer en place, le champ de luzerne devrait être traité la dernière année comme une jachère. Lorsque ce sont des betteraves qui succèdent à la luzerne, elles sont repiquées. Le champ de luzerne doit pour cela être rompu avant l'hiver, et recevoir ensuite encore deux ou trois labours de printemps. Les betteraves sont sarclées deux fois.

Les pommes de terre ne réussissent jamais d'une manière aussi extraordinaire qu'après la luzerne. L'on a des exemples de 690 hectolitres de produit par hectare, après une luzerne de sept ans.

Quelque objection que l'on fasse contre les assolemens en question, il n'en restera pas moins vrai qu'une rotation qui livre autant de récoltes en ne réclamant qu'une seule fumure dans un intervalle de douze à dix-huit années, mérite des éloges.

Assolement avec luzerne à Hohenheim.

Dans toutes les exploitations rurales où le bétail est pendant l'été nourri à l'étable, l'on devrait, lorsque les circonstances le permettent, avoir pour secours un champ de luzerne. Les vesces, ne pouvant être fauchées qu'une seule fois, ne sont qu'un pauvre surrogat d'une plante qui donne toujours trois et même quatre coupes en une année, et qui fournit déjà du fourrage lorsque les vesces sont à peine semées.

L'humidité du sol, la mauvaise qualité du sous-sol et la servitude de la veine pâture, à laquelle la plus grande partie du domaine de Hohenheim est soumise, n'ont point permis de donner à la culture de cette plante toute l'extension désirable. On l'a donc restreinte, pour le commencement, à quelques arpens, et pour la suite, à six hectares divisés en deux soles, soumises chacune à une rotation de douze ans, et sur lesquelles la luzerne alterne.

1re *Sole.*	2e *Sole.*
1 Jeune luzerne,	Vieille luzerne,
2 Luzerne,	Avoine,
3 Luzerne,	Pommes de terre. — Topinambours,
4 Luzerne (moitié portant graine),	Lin,
5 Luzerne (l'autre moitié portant graine),	Topinambours. — Pommes de terre,
6 Luzerne,	Vesces. — Fourrage. — Orge,
7 Vieille luzerne,	Jeune luzerne,
8 Avoine,	Luzerne,
9 Topinambours. — Pommes de terre,	Luzerne,
10 Lin,	Luzerne (moitié portant graine),
11 Pommes de terre. — Topinambours,	Luzerne (l'autre moitié portant graine),
12 Orge. — Vesces. — Fourrage.	Luzerne.
1 Jeune luzerne,	Vieille luzerne.

Comme la luzerne donne peu de produit la première et la dernière année de son existence, l'assolement a été distribué de manière à ce qu'à chaque sixième année elle occupe la totalité des six hectares, pour qu'il n'y ait pas manque de fourrage. La graine d'une coupe entière est recueillie, moitié à la quatrième année et moitié à la cinquième, afin d'en être pourvu à la sixième année, pour l'ensemencement de la sole suivante. Bien entendu que la graine n'est pas prise les deux années sur la même moitié.

Je crois qu'un intervalle de cinq ans, pendant lequel le champ aura porté deux récoltes piochées et fumées, et une récolte sarclée, suffira pour le mettre en état de produire de nouvelle luzerne. J'ai joint les topinambours aux pommes de terre, à cause de leurs tiges, et parce qu'il y a d'ailleurs abondance de pommes de terre. Le lin parait ici déplacé. Il s'y trouve cette présente année (1827), par suite de sa réussite extraordinaire après les topinambours. La suite nous apprendra si les pommes de terre lui sont aussi favorables. Dans le cas contraire on pourrait le remplacer par le moha, qui réussirait, ce me semble, sur une terre rendue meuble et propre par la culture précédente. On pourrait alors fourrager en vert le moha qui serait tenu sur la partie plantée en topinambours, à cause des rejets de cette plante, et laisser venir à maturité celui qui suivrait les pommes de terre. J'ajouterai ici quelques mots sur cette plante encore peu connue parmi nous.

Le moha est une espèce de millet non moins abondant en grains, qu'en tiges et en feuilles. Je ne saurais dire grand'chose de la qualité du grain, attendu que ce pays n'offre aucun moyen de le débarrasser de son enveloppe, mais son produit est considérable. Pour en faire la comparaison avec deux variétés du millet ordinaire, un champ fut divisé en trois portions égales, et chacune d'elles ensemencée avec l'une des trois espèces de graines. Le produit de chacune des deux variétés de millet fut de 21 hectolitres par hectare, tandis que celui du moha fut de 48,5 hectolitres, plus 2 hectolitres de grain léger. Son poids était de 73 kilogrammes par hectolitre; celui de la paille, de 3546 kilogrammes par hectare, ainsi égal à celui de la paille d'épeautre ou de froment. Un inconvénient de cette paille est de sécher plus difficilement, et de ne devoir être donnée qu'avec précaution au bétail, mais du reste elle est plus sucrée et plus nourrissante qu'aucune autre, à l'exception peut-être de celle de maïs. Le moha a encore le grand avantage de n'avoir rien à redouter des moineaux qui dévastent les champs de millet ordinaire. Je n'ai pu faire aucune expérience sur le moha comme fourrage vert tardif, ayant à cœur de m'en procurer d'abord une quantité suffisante de graine. On prétend qu'il est une nourriture excellente pour les chevaux.

FIN.

TABLE DES MATIERES.

Pag.

TROISIÈME SECTION.

TROISIÈME PARTIE.

PREMIÈRE SECTION.

SECONDE SECTION.

Pag.

QUATRIÈME PARTIE.

CINQUIÈME SECTION.

SIXIÈME SECTION.

FIN DE LA TABLE.

www.ingramcontent.com/pod-product-compliance
Lightning Source LLC
LaVergne TN
LVHW021234170726
843501LV00003B/776